U0186359

城市形象与城市想象

CITY IMAGE & CITY IMAGINATION

主 编 ◎ 丁俊杰
副主编 ◎ 张婷婷 程 平

中国传媒大学出版社
·北 京·

序

谁的城市,谁的形象?

◎ 丁俊杰

1

城市:“城,廓也,都邑之地,筑此以资保障也。”“市,日中为市,致天下之民,聚天下之货,交易而退,各得其所。”城市的发展早在人类文明的萌芽之先,就已露端倪,从原始的洞穴到现代的房屋,从游离的部落到恒定的族群,城市的发展见证了人类的成长。在历史的洪流中,城市不仅是人类栖身的居所,更是文明扎根的土壤。美国著名的城市理论家、社会哲学家刘易斯·芒福德曾经说过:“城市的主要功能是化力为形,化权能为文化,化朽物为活灵灵的艺术形象,化生物繁衍为艺术创新。”①而重视城市形象的建设,构建完善的城市形象传播体系,则是打好文明典范城市攻坚战的关键一环。

自改革开放以来,我国的城镇化水平得到了显著提高,城市人口快速增长,城市综合实力持续增强,城市面貌也焕然一新。然而,随着城市的快速发展,城市间的竞争也日趋激烈,许多问题与矛盾不断浮出水面。在我国,大多数城市普遍表现出一种“急功近利”的发展心态,即迫切地追求经济效益而忽略文化内涵,这使得城市的历史文脉断裂,城市的可持续发展缺乏强大的精神动力支撑。也正因如此,大多数城市形象仿佛是在工厂的流水线上批量生产、统一打造出来的,没有自己独立的个性,淡乎寡味,千城一面。

此外,城市不仅具备生产性、服务性的功能,还具有象征性和表达性的

① 芒福德.城市文化[M].宋俊岭,李翔宁,周鸣浩,译.北京:中国建筑工业出版社,2009:9.

功能。然而中国对城市的形象功能还不够重视,"千城一面"正是城市管理者在中国城市发展过程中,对城市形象塑造与品牌传播无自主意识的一种表现。

实际上,纵然不同城市之间会产生一些共性,但论其本质,每一座城市都是一个独立的个体,拥有自己不可复制的文化、传统与风貌。除了显著的地域差异以外,还有政治、宗教、历史、经济、语言、风俗等多种因素共同塑造着城市的个性,它们一起构成了识别一座城市的 DNA。也正是如此,越来越多的人对中国城市发展趋同化加剧的现状频频叫停,同时开始从城市文化、城市精神、城市传统、城市生态等多角度开展城市形象研究,探讨城市持续发展的可能性。

2

在今天,没有一座城市甘于平庸,它们都在竭尽所能地谋求发展。

城市形象是城市价值的重要组成部分,城市形象的塑造与品牌传播是经营城市不可或缺的手段。在全球经济一体化和区域一体化发展的背景下,城市需要找准自己的定位。只有定位准确,形象鲜明,才能吸引更多的投资者和游客,实现良性的竞争与发展。换言之,良好的城市形象就是一部通关秘籍,能让你在城市竞争这场游戏中脱颖而出。"精明"的城市善于扬长避短,集万千亮点于一体,全方位地展示自身的优势,通过有别于其他城市的形象塑造与传播,提升城市竞争力,推动城市的长远发展。因此,如何塑造个性化的区位形象、城市形象、旅游形象,并将这些在城市里自下而上生长起来的形象广而告之,对中国城市的新一轮发展而言至关重要。

近年来,部分城市管理者已经意识到良好的城市形象对城市而言是非常重要的无形资产,是城市精神文明建设的重要组成部分,也是城市软实力的重要体现。各地政府积极推动城市形象规划工作的开展,部分城市还建立了城市形象提升办公室,专门负责城市形象的塑造与传播,并取得了较为显著的效果。

同时,城市形象的塑造与品牌的传播又是密不可分的,它是一个开放的、系统性的工程。有别于一般的广告，城市品牌传播不是简单的宣传工作，而是其所在社会中不可分割的一部分，与整个城市的综合发展休戚相关。

在经济全球化、城市竞争、区位竞争日益激烈的当下，城市是经济活动、政治生活和文化发展的重要载体，一个不注重形象塑造与传播的城市不仅会被边缘化，甚至可能被淘汰出局；而没有良好形象或形象模糊不清的城市，则难以在信息社会中长久立足，更谈不上繁荣发展。因此，研究城市形象的塑造与品牌传播不仅具有划时代的意义，更符合当前中国城市发展的迫切需要。

此外，城市品牌塑造与形象传播是一个民生工程，刘易斯·芒福德认为城市是改造人类、提高人类的场所，“最初城市是神灵的家园，而最后城市本身变成了改造人类的主要场所，人性在这里得以发挥”[①]。“城市乃是人类之爱的一个器官，因而最优化的城市经济模式应是关怀人、陶冶人。”[②]换句话说，城市传播把城市作为产品进行营销，无论是物质经济层面、精神享受层面，还是生活氛围层面，最终的受益人应当是生活在这座城市里的居民。

但实际上，大多数城市形象塑造与品牌传播却是以政绩工程、宣传工程的面貌出现在人们面前的，犹如海市蜃楼、空中楼阁一般徒有其表，与人们的实际生活风马牛不相及，相距甚远，这无疑使得城市形象塑造与品牌传播成了无本之木。

如果从天空的高度向下俯瞰，城市似乎只是钢筋水泥与绿化带的排列组合，而身处城市之间，我们却能发现生命无处不在，大到轰鸣的机器，小至细碎的砂砾，城市中的一砖一瓦一草一木都在呼吸，与城市里的人产生共鸣。好的城市不仅仅是人们栖身的居所，还能够为市民的工作、学习、生活创造良好的环境，使生活在这里的人们对其产生归属感、认同感，并将这种归属感和认同感转化为凝聚力，从而自愿投身于建设城市的事业当中。与此同时，一个好的城市也犹如一块磁铁，能为游客、商务人士和投资商等提

---

① 芒福德.城市文化[M].宋俊岭，李翔宁，周鸣浩，译.北京：中国建筑工业出版社，2009：156-157.

② 芒福德.城市文化[M].宋俊岭，李翔宁，周鸣浩，译.北京：中国建筑工业出版社，2009：586.

供良好的旅游环境、投资环境、休闲环境，将城市以外的生产要素（如人力资本、货币资本、商品资本、技术资本等）吸引进来并进行合理的配置，将无形的资源转化为有形的价值，为提升城市综合实力锦上添花。

可以说，好的城市形象是政府、社会与居民达成的关乎城市公共利益最大化的共识，城市形象是城市的人、资源、产业、风貌、文化等各要素的有机组合，全体市民、机构、企业等都是城市形象的利益相关者。因此，城市形象的塑造与传播不单单是政府的责任，也不是由相关部门闭门造车就能完成的，城市的建设发展、城市形象的塑造、城市的品牌传播需要全民（不分本地人和外地人）的参与和互动，需要尽可能地调动市民的积极性和创造性群策群力，这样才能实现城市的价值与市民个体价值的有机统一。

3

目前看来，城市形象及其传播研究已经不是一项新课题，而我们的团队也是较早便从传播学、品牌学、营销学等学科入手进行城市形象传播研究的学术单位。在过去几年里，我们的团队参与并承担了北京、深圳、成都、柳州、新民等多个城市的城市形象、旅游形象传播的课题项目，完成了“新民城市形象战略课题研究”“北京雁栖湖国际会都定位及命名”“北京旅游发展四项研究报告”“无锡城市形象定位与传播规划”“中国城市品牌域内形象指数”“全国城市形象宣传片调研报告”等课题。

在开展课题研究的同时，我们还举办了一系列高端论坛，以构建城市形象传播智库平台，推动城市形象传播研究的发展。截至2022年，我们已成功举办了六届亚洲城市论坛、六届博鳌国际旅游传播论坛，足迹涉及中国北京、成都、武汉、长春、宁波、海南与韩国梁山等地。这些论坛聚集了政府的相关官员和国内外的行业顶级专家与学者，大家共同深入探讨了城市形象的构建与传播、城市形象宣传与品牌塑造、传媒与城市、休闲与城市、影像与城市、旅游传播发展趋势等议题。

得益于丰富的城市形象品牌塑造与传播经验，我们在实践的基础上，对中国城市的形象塑造与传播现状、问题和走势有着更为直观而清晰的认知：

对于城市形象的探讨不能只停留在解说城市形象是什么这个层面上，更不能就城市形象而论城市形象，而是要通过多个维度去揭示城市生活那更广泛更深刻的存在和本质，去探寻城市的灵魂所在，去发现城市生长和变迁的复杂规律。

我们能否透过城市形象的塑造与传播去推动城市变得更美好呢？这是关于城市形象最有价值和意义的思考。我们认为，城市形象的塑造与传播也是一个形象倒逼机制的运动，它能够促使城市管理制度不断自我完善，促使城市建设与时俱进，让看不见的城市最终被看见，让城市的美好变得更富有内涵，变得更加宽广敞亮。

近几年间，在微信公众号"丁俊杰看城市"上，我的团队发布了多篇关于城市形象的文章，我们从旅游传播、城市文化、城市困境、城市转型、城市未来等多个角度探讨了城市形象塑造、城市形象传播、城市形象价值等问题，希望能为中国城市的形象定位、塑造、传播等提供一定的参考。

此次结集出版的《城市形象与城市想象》是"城市品牌观察"丛书的第一册，可以说是我们在研究探索与实践尝试上的一个阶段性总结，旨在与同行、读者交流。其中大部分文章非纯粹的学术研究文章，更多的是从城市形象塑造与传播的视角，针对城市的现实问题而撰写的观察文章。不足之处恳请读者批评指正。

是为序。

（作者为中国传媒大学国家广告研究院院长）

目录

辑一
丁俊杰观城札记

城市形象传播是一项民生工程，
最终受益的是全体市民

城市未来,为谁而来

中国经过三十多年的国民经济快速发展,经济总量已跃居全球第二位。北京、上海、浙江、广东等九省/直辖市人均GDP已率先迈入一万美元阶段,这标志着,中国社会将进入一个新的时代,人们对生活品质和生命质量都将提出更高的要求,人们的生活方式和生活追求也将变得多元,即从单纯追求物质享受到追求文化精神,从单纯追求实用到为品质买单,从"跟风消费"到"为个性买单"等。

从城市的层面看,人们生活方式和消费水平的提升,直接促进了城市经济结构和产业形态的调整,以绿色智能经济、健康养老、度假娱乐、文化艺术、休闲体育为代表的休闲产业正在蓬勃发展,并将成长为国民经济的重要支柱,休闲城市也将成为未来城市发展的新形态和新趋势。因此,立足休闲产业发展、探讨城市未来,已经成为很长一段时间内需要关注的焦点。

一、城市,究竟是谁的城市?

探讨城市未来,首先要明确一个问题:城市,究竟是谁的城市?这个问题看似非常简单,但现实中的我们却从未给予其深刻的思考,并给出满意的答案。而在回答城市到底属于谁的问题之前,也应首先明确城市是由什么构成的。

从国内外城市研究的成果来看,城市是个复杂的综合体,由软硬两个系统构成。所谓硬系统,即包括城市道路、边界、节点、建筑物、区域等在内的基础设施。但是倘若城市只有高楼，只有大厦，只有漂亮的路面，缺少气质层面、精神层面、文化层面的软系统，这个城市也不是我们心目当中的城市。所以，要精准地认识一座城市，应从其软硬两个层面着眼。

从城市软硬系统构成的层面看，城市不只属于决策者，不只属于管理者，而更应该属于城市里的所有人，为什么这么说呢？原因主要有以下两点。

第一，从城市建设发展的层面看：城市，绝不是与人无关的外在物，也不是住宅区的组合体，它与居民们的各种重要活动紧密联结，它是自然的产物，也是人类属性的产物。不管是“硬件设施”还是“软性系统”，最终推动这个系统发展并能对这个系统做出准确感受评价的，应该是这座城市中的人。

第二，从城市管理层面看：城市建设与管理应该是一项公众运动，城市管理是一种倒逼机制，从城市管理的层面强调“以人为本”，需要将“城中人”纳入城市的意见层及决策层，从而使城中人能够真正地以城市主人翁及东道主的姿态与城市职能部门共同构建一个完善的城市发展及管理系统；此外，还需要让城市民众真正从内心深处获得身份认同，并从内心深处将自身利益、自身价值与城市发展的利益和价值导向紧密地绑在一起，让城市中的人在城市这个空间里寻求意义，获得心灵归属，而不是简单的城市职能部门的“上传下达”。

作家宋石男曾说：“真正的市民精神，一定是自由、自治与自我的，它不是宏大叙事的行政精神，而是自下而上的市民精神。”①市民精神，折射出城市的精神，城市的氛围是靠城市中的人去营造的，城市中的建筑和空间因为有了人才产生了温度，才有了情感。与此同时，城中人也担任着城市建设的监督者和检验者的角色。唯有此，才能让民众自觉去发展、自觉去维护这个城市，当外界玷污这个城市的时候，城市中的民众会站出来说，这个城市是我的，不容你玷污；当感受到这个城市与其他城市的差距时，城市中的民众也不会再持“事不关己”的态度；当别人赞美称颂这个城市时，城市中的民众

① 宋石男.城市文旅，改变的不只是一座城[EB/OL].(2018-09-06)[2019-03-23].https://m.fang.com/news/jn/12188_29614352.html.

更会觉得与有荣焉。

城市的发展及管理与民众意识是紧密相连的，唯有城市与民众达成这种身份、意识、价值观的高度一致，一座城市才能产生发展的动力和活力。脱离民众谈城市，或者脱离民众谈城市发展，都是不可取的，也是无意义的。当然，在城市功能及产业形态越来越丰富的当下，“城中人”的概念还不仅仅局限于城市的职能管理者和长期居住在此的市民，同时也应该将外来旅游者、投资者、潜在人群等共同纳入这个“城中人”的考量范畴内，让城市在众人的推动和瞩目下，能够以人的需求为出发点，从各个环节真正发展成为“人的城市”。

二、休闲是城市的一种标配

如果城市中的人能因为有了城市发展的参与权与决策权而产生归属感，那打造休闲城市，让人们感受到美丽、舒适、放松的高品质生活空间和生活氛围，则是让民众产生幸福感的绝佳方式。

“休闲”一词十分有趣，与“消费”一样，它在刚出现被投入使用的伊始也是一个贬义词。然而随着社会的变迁，消费在人们生活当中的作用和价值日益体现出来，其概念和意义就变化了。休闲也是如此，过去，它总与“游手好闲”挂钩，而随着人类文明与社会的进步，在进入 21 世纪以后，休闲摇身一变成了衡量人类社会生活包括城市文明程度的一个重要指标，提供了让人们的生活方式有更多诠释的可能性和空间。从这个层面上讲，研究城市与休闲，研究人与城市，研究人与休闲，就变得很有必要了。

休闲，是一种能让人们从单纯的紧张、疲惫的生活状态中抽离出来的新的生活方式，也是一种能让人们重新审视自我追求和生活意义的新价值观。从城市发展的层面看，城市休闲空间和氛围的营造也让城市中的人真正成为人，是让城市发展“以人为本”落到实处的一种城市发展的高级样本。并且，休闲城市的发展，会更加强调人在城市中的重要性。在我看来，原因有以下四点。

第一,休闲产业催生休闲城市,而人是休闲系统的消费对象。休闲不是一个虚妄、空泛的概念,不是人们臆想出来的遥不可及的乌托邦。休闲的概念起源于人,并随着人的多样性和旺盛的休闲需求而衍生出了一个新的产业形态——休闲产业,它与旅游业、娱乐业、服务业等第三产业一起共同构建了一个大产业系统。

由此可见,人是休闲系统的消费对象和主要买单者,只是不同于第一、第二产业那样能带给人最直接的衣、食、住、行、用等生活物质需求,休闲产业上升到了人们追求更高层次、也更为复杂和多样的精神需求的层面。在此层面上,"以人为本"更需要得到强化,并要真正深入人的内心和精神层面去刺激、激发人们的消费热情,给予这个产业系统必要的发展动力和市场活力。

第二,休闲经济诞生于人们对文化休闲生活旺盛的需求之上,因此更加强调人的主观能动性。德国哲学家席勒说过:"只有当人充分是人的时候,他才游戏;只有当人游戏的时候,他才完全是人。"①以此为出发点理解人之所以称之为人,是因为人能够主宰自己的休闲生活,人要有一种休闲的机制和休闲的系统,人是休闲系统的关键和核心。一方面,休闲经济诞生于人们对精神及休闲生活旺盛的需求之上;另一方面,休闲经济又将随着人们生活方式及精神需求的不断改变及提升而不断丰富。可见,休闲与人之间是一种双向推动的关系,休闲更加立足于人本身并不断强化和刺激人的主观能动性。

第三,休闲是一种和文化创意产业密切相关的城市生活形态,它依赖于人的创意需求和创造力。中国很多城市用各种方式提出要建设有世界影响力的城市、世界一流城市等口号,但这样的口号同质化,都偏离了城市的本意。依靠资源发展壮大的诸多城市在资源日渐枯竭、环境日益恶化而面临发展困境的当下,都在积极寻求城市转型的新路径。在此背景下,发展休闲产业将逐渐成为城市的一种标配。休闲产业也将依托与文化创意产业的紧

① 席勒.译林人文精选:审美教育书简[M].张玉能,译.北京:译林出版社,2012:7.

密关联性,让更多的人从流水线的工业生产劳动中转而走进一个充满创意和创造力的智力工作环境中。

第四,休闲的概念起源于人,休闲城市的最终受益者也是人。“休闲”在中国是一个古老的词。在造字的时候,“休”旁边是一个“人”,右边是一个“木”,人依靠在树木上,就是“休”。“休闲城市”这个概念,出发点和归宿点都是人。因此,休闲城市发展的最终目的是要惠及人。所以“以人为本”的城市休闲系统不是一个形而上的概念,它不仅仅是构建一个口号那样简单,它需要落到实处,让人们不只是活着,而是更好地生活。

“人们为了活着,而聚集于城市,人们为了更好地活着,而居留于城市。”①人离不开城市,城市也离不开人。休闲城市的塑造提供了让人们从劳碌奔波中抽离出来的一种美好的生活构想,未来需要做的是将这种构想落地,让城市真正为人,也让人人为城市。

三、“以人为本”的城市休闲系统的构建

(一)构建完善的城市休闲体验空间

西方国家先后经历了从“形体决定论”思想出发而单纯改善主要街道、公共建筑、公园、开放空间形象等的“城市美化运动”,到从“人本主义”出发而开始注重城市休闲空间功能的改变,其过程体现了城市休闲空间从非理性到理性的更新发展。

城市休闲空间构建的表现方式有两种:一种是建筑、绿化、消费空间等外在形式(即物质方面),另一种则是以空间环境的主题与文脉为代表的内在形式(即精神与文化层面)。一座优美的城市,它的休闲空间和环境一定是外在和内在和谐统一的,而不管哪种形式,其建设的前提都是围绕人的需求出发,与人的消费习惯和文化诉求密切关联。

西班牙巴塞罗那早在 1981 年至 1992 年期间就针对城市休闲空间的打

---

① ARISTOTLE.Politics,the United States of America[M].Hackett Publishing Company,Inc.1998:4.

造实施了许多工程,其中包括高密度低收入住宅区建设的社区公园、废弃空间的改造及绿化建设、艺术品的填充与融合、闹中取静的道路空间的创造等。巴塞罗那这种改造城市休闲空间的手法被称为"巴塞罗那模式",也是将城市外在表现和内在表现系统有机结合的典型案例。同时,巴塞罗那在整个休闲空间改造中一直秉持着一个理念,即"城市公共空间,是一座城市的重要组成部分,如何设计使其人性化,并适合人的居住,是一直要恪守的价值核心"①。

(二)打造城市休闲的文化氛围

文化是一座城市的灵魂和核心,同样,文化也是休闲城市的核心,休闲城市中的空间构形、建筑物的布局设计,其本身恰恰是具体文化符号的表现,休闲消费中一个重要的构成要素就是文化消费。

西班牙马德里被称为世界上休闲产业最为发达的城市之一,也被称为诗意的栖息之地。音乐会、时尚发布会、歌舞、戏剧、美食休闲娱乐项目等应有尽有,繁华的商业设施让人们可以尽情享受购物的乐趣,夜晚的酒吧、迪厅、弗拉明戈等文化表演,更是让这座城市洋溢着澎湃的激情。文化休闲活动是营造休闲氛围必不可少的构成元素,这些活动又不是孤零零的活动,而是组合成为城市文化、打造诗意栖息之地的必要条件。

另一个典型城市是英国伦敦,自 1997 年伦敦被定义为"文化创意产业之都"以来,伦敦的文化创意产业的各项基础配套数量及完善程度就稳居世界各大城市之首;同时,这些配套的文化空间在某种程度上也给人们提供了休闲的空间。有数据显示,伦敦家庭每周的平均消费约为 500 英镑,比英国的平均水平高出 25%;而其中,看电影、欣赏戏剧、参加时装秀等活动的花费,伦敦人更是高出英国平均水平近 30%。

伦敦休闲文化的发展,不仅重塑了伦敦的城市形象,也彻底改变了伦敦市民的生活方式;而市民生活方式的改变及文化消费的提升,也在一定程度

---

① 何霞.论中国现代化城市休闲空间规划的创新发展——基于巴塞罗那模式[J].现代商贸工业,2009,21(23):122-123.

上推动了伦敦城市的转型和可持续发展。伦敦文化休闲氛围与其城市形象、城市生活之间形成了良性互动。

（三）培育市民的休闲精神

休闲是一种生活方式，是深入市民骨子里的一种精神状态反应。“有精神的城市”和“有精神的市民”可以造就一座活力之城、一座魅力之城。城市精神，根植于城市历史传统，成长于有意识的引导与培育。

纵观国际知名的城市，它们都有其独特的气质和精神，而市民的气质与这个城市的气质是高度融合的，并且他们能反映和折射出这个城市的气质和精神。以“学术之城”——牛津为例，有人讲“牛津的学术气质和巴黎的浪漫一样，都是深入骨子里的”，牛津的学术气质，除了历史赋予其独特优势外，也有着后续的培育和市民的自我行动，包括成熟、配套的学术设施、旺盛的学术活力等。同时，牛津的学术氛围和精神也渗透于牛津的每一个人，学术人的严谨、苛刻甚至古怪，成了大家对于牛津人的普遍看法。

（四）城市安全感的提升

哥伦比亚首都波哥大前市长、著名城市发展与管理专家恩里克·潘纳罗萨（Enrique Peñalosa）曾经说过，高度文明的城市，并不只是公路四通八达的城市，而是骑在三轮车上的儿童可以安全地四处撒欢的城市。当下的城市依旧有诸多安全方面的隐患，安全问题不能解决，就无法让人们从内心深处获得真正的放松和自由，真正的休闲愿景也就无从谈起。因为休闲城市不仅仅意味着人们休闲时间和休闲空间的增多，更强调人们心理的放松和精神的放松。虽然安全感是人的生活的基本需求，但这是休闲城市的一个标配，应该把“安全感”当成休闲城市这个高级城市形态里不能回避的一个关键词。

当然，安全背后是一个复杂的系统，是环境、交通、医疗、卫生等多个系统的构建，不是一朝一夕就能完善的，但安全的意识我们必须时刻铭记于心，并将其作为构建“以人为本”的休闲城市这个系统工程中首当重视的问题,当以持久之力逐步加以完善。

“休闲”一词,并没有一个科学的概念,如何构建休闲城市,也没有一个标准化的建议。但是对于未来城市的设想,从休闲的角度来讲,主要是这样三个关键词:安全感、幸福感、归属感。如果这三个指标不具备,我们来谈休闲,休闲场所再豪华,硬件条件再好也是乌有。

所以“以人为本”“从心出发”,是休闲城市的最高境界,也是休闲城市的未来模样。“以人为本”是城市建设者及设计者需要遵循的理念,也是保持温度、保持个性、视人为人的城市的终极追求;“从心出发”,这是对城市管理者及城市设计者提出的要求,他们必须用心去构建让人们能回归本心的轻松空间和轻松氛围,让人们在城市的空间中找到自己的价值和意义,让人们在城市的物质空间中与自己对话,于有限的城市空间中走向心灵的最远方。

城市未来,为人而来。

(本文系中国传媒大学国家广告研究院院长,城市品牌、城市形象研究专家丁俊杰教授在第六届亚洲城市论坛上的主旨发言)

篇二

文化产业:让城市更美好

一、城市的困境

人类在工业化进程中消耗了大量自然资源,同时造成了严重的环境危机,在经历了以资源消耗为主的工业时代之后,许多资源型城市开始转向服务型城市。然而,信息时代的文化产业也面临着许多发展困境,例如传统城市转型的局限、“千城一面”的城市形象规划、量大质差的“鬼园区”接踵而至等。这些问题不仅制约着经济的增长,也束缚着城市的成长。

竞争战略之父迈克尔·波特曾提到:“基于文化的优势是最根本的、最难以替代和模仿的、最持久的和最核心的竞争优势。”①所以我们认为,当城市资源逐渐枯竭时,文化才是城市最大的不动产,而如何有效地协调文化产业与城市之间的关系,又该怎样好好把握文化城市未来的发展趋势,是我们当前面临的重大机遇与挑战,搞清楚以上问题就需要理顺城市与文化产业二者之间的关系。

二、城市与文化产业的关系

关系一:城市与文化产业是共生的,不是割裂的。

---

① FOOT J M. From boomtown to bribesville: the images of the city Milan, 1980－1997 [J]. Urban History, 1999(3): 393－412.

在文化大发展的今天，每个城市都在寻求转型，都在全力以赴地发展文化产业。一方面文化产业作为发展主体，要以当地文化资源、文化资本、人力资源、科技实力等方面为出发点，最大限度地与城市定位和城市形象等其他“基因”要素相匹配；另一方面，文化产业要主动与其他产业形成良好的互动与融合关系，因为好的城市发展口碑离不开良性的产业布局。

关系二：文化产业是城市新的经济增长点。

早在20世纪30年代，美国爆发金融危机的时候就有学者提出“文化逆向”的现象，即越是在第一、第二产业不景气的阶段，文化消费越是繁荣。我国当前传统经济增长逐渐趋向缓和，但是新媒体、在线旅游、现象级影视节目、互动性广告等文化产业黑马现象的迸发使城市的经济出现了新的增长。文化产业不仅创造了巨大的增加值，还使传统产业有效地升级，促进了经济的生态发展。

关系三：城市是文化产业发展的“容器”，也是“土壤”。

城市中的建筑、环境、文化、风俗等要素是文化产业创新的孵化器，文化产业正是在城市这个“容器”中实现创新孵化和集聚扩散的。没有城市这个空间载体，文化产业就没有了根基。城市不但为文化产业发展提供空间，同时也在提供着人才、资金、思想、社交网络等，而正是依赖于城市的这些集聚功能，文化产业的发展才有了更多的可能性。

关系四：文化产业让“形象经济”最有可能实现。

“形象经济”是“通过形象及其效应获取价值和利润的经济”。当工业文明生产过剩而导致社会竞争目标转移的时候，当人们从物质需求转向精神需求的时候，当物质商品经营转为信息商品经营的时候，“形象”在这个时代特定的经济属性其实已不言而喻了。作为一种时代特征，“形象”对我们的影响和意义是全方位的，同时也导致我们的消费方式和消费观念发生了改变。

对于一座城市来说，“形象经济”是城市文化产业发展的直接体现。例如，我国2008年在北京举办奥运会所带来的奥运经济现象：奥运功能区建设全面启动，建成六大高端产业功能区之一的奥林匹克中心，以传统服务业为主,形成了体育休闲、文化、奥运旅游、会展演出等高端奥运经济业态,同时有力地促进了金融保险、信息传输、商务服务、文化创意等产业的加速发展,实现了产业结构的跨越式升级。这不仅是借城市形象工程建设来带动社会经济发展,更是一种“形象经济”现象。

文化产业在享受城市所提供的一切便利与资源的同时,也在反向滋润城市的发展,甚至可以说,文化产业正在深刻地改变城市。

三、文化产业是城市形象定位的组成部分

发展文化产业的现实意义和重要性怎么讲都不为过,但在发展文化产业的时候切忌没有规划与盲目跟风。文化产业发展是一项系统的工程,也是考验全局观和前瞻性思维的“民生工程”,它的发展与罗马城一样,不是一天建成的,而是关乎政策鼓励、金融支持、基础设施配套、文化品牌整合、创意人才集聚等要素的共同发力。

世界城市品牌之父西蒙·安浩调查发现:在选择旅游目的地时,人们往往只会选择印象最深的三个城市。人类记忆极限与城市数量之间的矛盾突出,这便使得城市形象的定位与传播显得相当重要。文化产业不但是城市形象定位的组成部分,同时也能够通过自身发展的规模与特色成为城市形象定位的独特记忆点。关于这一点,中外城市都有成功案例。

案例一:“时尚之都”首尔

韩国政府对文化产业的关注始于20世纪60年代朴正熙执政期间,当时政府对文化产业的政策还主要停留在规范大众对文化的正面认识,纠正文化传播过程中出现的负面影响,抵御西方文化侵蚀的阶段。80年代以后开始,全斗焕政府、卢泰愚政府认识到发展文化产业是国家进步的重要因素,分别制订了5年计划、10年计划以鼓励提高文化创造力。到了金泳三政府时期,韩国进一步提出了“韩国文化的世界化”和“文化的产业化及信息化”的口号。

众所周知,金大中执政时期,正逢亚洲金融危机,但他在总统就职演说中却特别强调文化的经济价值,指出文化产业是21世纪的支柱产业,观光产业、会展产业、影视产业、文化特产等都是具有无限市场空间的产业,是财富的宝库。从李明博政府开始,文化产业正式转变为韩国出口产业,随着智能手机和平板电脑的出现,韩国电视剧和流行音乐很快形成一股潮流(韩流)。直到朴槿惠总统任职期间,韩国政府一直坚持着“文化昌盛”的施政纲领。

综上所述,“韩流”在亚洲乃至全球掀起的热潮,不仅为韩国创造了巨大的经济价值,更重要的是使韩国流行文化和那些烙印着时尚之都的城市也深入人心。韩国为大力发展影视文化产业,不但出台了各项政策,同时也为相关企业提供大量补贴,现今“韩影”与“韩剧”已经成为韩国大众文化的核心,更在世界范围内掀起了一股“韩流”。

在韩国影视产业的强劲带动下,2013年韩国文化创意产业的产值达到了91.53万亿韩元(约合855亿美元),同比增长4.9%。其中出口额50.9亿美元,同比增长10.6%。因为其影视文化及“韩流”,韩国首尔被定义为“时尚之都”。

案例二:“文化创意之都”伦敦

以往的伦敦虽然被冠以工业革命的发源地,但承受着环境被破坏的恶果也是其城市发展史上不可翻过的一页,1952年的雾霾事件更是将伦敦推到了舆论的风口浪尖,“工业老城”这一称呼的背后是城市形象的没落与无奈。在此情形下,伦敦政府痛定思痛进行城市转型,通过各种手段(包括政策、金融、基础设施、品牌活动等)支持文化创意产业的发展。如今的伦敦,文化产业与城市形象、城市生活已经形成良性互动的局面,伦敦文化产业的发展,不仅重塑了城市形象,也彻底改变了伦敦市民的生活方式,创意产业目前已经成为伦敦仅次于金融服务业的第二大支柱产业。

案例三:“中国西部文化创意之都”成都

围绕内容至上的文化发展战略,成都充分利用我国西部丰富的历史文化资源,整合了"大熊猫生态文化""古蜀文化""三国文化""水文化""诗歌文化"等系列文化形态,并从战略、资金、硬件、内容、营销等方面打造文创之都,形成了以园区化、楼宇化为载体模式,以重大产业项目为带动,以骨干企业为支撑,文博旅游、创意设计、演艺娱乐、艺术品原创、动漫游戏等行业快速发展的新格局。

除此之外,成都还打造了原创音乐剧《金沙》,3D 高清原创动画系列剧《星系宝贝》,并通过举行"创意设计周""全球彩绘大熊猫""成都艺术品保税仓库揭牌"等多个系列活动打造了"15 分钟文化圈",惠及城乡居民进而引发民众口碑营销。正是基于这些努力,当成都城市文化的宣传片亮相纽约时代广场的时候,其展现的"天府风光""熊猫故乡""蜀汉文化"才让世人眼前一亮。

四、文化城市的未来发展趋势

美国城市文化学者刘易斯·芒福德在《城市文化》一书中提到:"城市是文化的容器,专门用来储存并流传人类文明的成果,储存文化、流传文化和创新文化,这大约就是城市的三个基本使命。"①而这三个使命也正是文化城市发展的内在规律与追求的终极目标。文化产业与城市深度融合,"文化城市"的概念呼之欲出,其未来发展趋势有以下五个方面。

第一,文化产业的支柱性功能越来越突出。"文化产业"不仅仅是一张光鲜的城市名片,更是城市经济发展的新引擎。文化产业不但能提升城市居民的生活品质,还能吸纳就业人口、丰富文化产品与市场。随着经济结构的调整,文化产业在城市经济中所占的比重会越来越大,并成为衡量城市经济发展水平的重要标志。例如创意农业、观光工厂的迅速崛起就得益于文化产业对第一、第二产业的反向支持。

第二,文化产业的品牌特性愈加明显。文化产业是感性和理性的结合,

---

① 芒福德.城市文化[M].宋俊岭,李翔宁,周鸣浩,译.北京:中国建筑工业出版社,2009:33.

也是科技和文化的融合，在物质生活极大丰富的今天，人们在进行文化消费的时候更加注重价值感、情感以及美感的体验和收获，而文化产品的品牌则能够最大限度地满足消费者对某种文化的认同感，所以在互联网及社交媒体的发展改变了人们接受和传递信息方式的当下，文化产业本身就成了一种传播内容和传播渠道，从而更加直接、有效地传递城市形象。

第三，“文化 IP”的拓展及应用。所谓“IP”（Intellectual Property），即知识产权，而“IP 模式”则指围绕着人气高的作品和形象开发网络文学、游戏、动漫、电影、电视节目、电视剧等文化产品。“IP 模式”的成功运行，得益于知识产权保护法律法规的逐渐完善和人们产权意识的逐渐觉醒。作为一种新兴文化模式，“IP”融入城市作为文化的载体后，可以将更多的文化融于产业链中表现出来。“IP”的开发首先要挖掘城市文化元素，以形象为载体进行衍生产品的开发，在产品的开发中还要巧妙地融入城市文化、旅游形象，以此全面刺激文化消费市场，打造文化的全产业链条，从而实现“城市商品”“城市文化”“城市形象”的高度统一。

第四，文化产业园区去泡沫化。文化创意产业园是一系列与文化相关联、产业规模集聚的特定地理区域。近年来我国的文化产业园建设受到普遍重视并初具规模。但是，我国当前大部分文化产业园区还停留在起步阶段。据不完全统计，全国文化产业园区有 2500 个，其中 90%亏损或还在招商中，真正盈利的低于 10%（数据引用自：智研资讯集团《2015—2022 年中国文化创意产业园规划市场专项研究及投资策略咨询报告》，2015 年 4 月）。

与之形成对比的是，西方国家的文化产业园区出生于浓郁的文化氛围之中，成熟于激烈的市场竞争之中，成长于企业与城市的融合之中，并且城市可以为园区的建设提供足够的人才、包容和科技，也就是理查德·佛罗里达在《创意阶层的崛起》一书中提到的“3T”（Talent、Tolerance、Technology）。

文化集聚源于城市的创意生态环境，意味着文化产业园建设的最终目标是服务于整个城市的社会、经济、文化，所以建设生态文化产业园区是城市最大价值的实现。中国文化产业园区模式将从“文化产业开发区”的初级阶段逐步过渡到“城市文化与创意城市融合”的高级阶段。

第五,文化产业的复合平台化功能。由分散到集聚、由产品到服务、由文化产业园区到文化产业小镇,由增量扩张到存量改造,由粗暴嫁接到有机嵌入,每一种形式的进步都意味着文化产业复合平台化功能的进步与完善,而这种功能也正是城市与文化产业最佳的融合方式。将文化产业平台化,就可利用优势吸引其他产业人才、资金、思想的汇入;而将文化产业复合化,则可以在文产功能之上融合其他产业功能,实现共存式发展。

文化是一座城市的灵魂、一座城市的根、一座城市的独特滋养。在物质生活极其丰富的当今时代,城市的特色被消弭,而文化是唯一的“救赎”,是使一座城市被记住的一张特有的名片,是最大的不动产。

(本文系中国传媒大学国家广告研究院院长,城市品牌、城市形象研究专家丁俊杰教授在首届国家文化产业创新实验区高端峰会上的发言)

作为书店载体的城市与作为城市文化标杆的书店

作为城市形象、城市品牌的研究者,从我的角度出发去看城市与书店之间的关系,会发现这两者确实是密不可分的。尤其是近几年,我们在研究国外城市的时候,会发现无论是有意还是无意,总有一个躲不开的元素,那就是书店。所以我们在城市传播、城市品牌、城市研究的过程当中,也就切入了“城市与书店关系”这样一个课题。

这虽然不是我的研究领域,但是由于研究的范围关涉到了书店,所以我想跟大家分享一下我从城市形象、城市品牌这个角度出发对书店与城市关系所做的解读。

对于城市而言,书店体现了城市的气质和格调,同时,也彰显了城市的性格。从城市的角度来讲,书店不仅仅是一个卖书的地方,也不仅仅是一个建筑物,书店如人,它本身就是一个鲜活的生命体。

“生命体”是一个有血有肉、有脾气、有气质、有格调的概念。在城市里面,从城市研究的角度来讲,书店就是一个鲜活的生命体,因为对于一座城市来讲,它是有基因的。

在过往的城市研究中,我们发现中国的城市是千城一面,而国外的城市却都大相径庭。其中城市个性与风格的形成跟书店就有一定的关系,于是我们提出了这样一个观点:“有什么样的书店就有什么样的城市。”

书店可以成为衡量或者判断能否让这个城市给你留下记忆的元素之一,因为书店不仅是衡量城市的一种标准,更能让人看出这座城市对文化尊重的程度或者态度。

我们在座的各位都是做书店的，那我想大家看到这个场景可能并不陌生，当你到了东京神保町，出了地铁口，看到一眼望不到边的书店的时候，我们除了谈书之外一定还会感觉到，东京是一座有气质、有格调、有风度的城市。当你走进一家又一家书店，即使一本书都没有买，但当你发现有一家书店从明治时期就在这儿，一直开到今天，我想你很容易就能感受到这座城市的文化态度与文化立场。全球最流行的生活格调杂志 *Monocle* 最新一期，选出了全球最宜居的 25 个城市，排名第一的是日本的东京。其中有一项指标我觉得会让我们这些做城市研究的人感到耳目一新，也能让在座的各位做书店的朋友的心情为之一振，那就是书店成了一个指标。

东京为什么能成为宜居城市的第一名？除了其他的指标之外，书店这一项指标大家都有目共睹，东京拥有 1300 家独立书店，比第二名到第十名的城市加起来还要多。第二名的柏林只有 222 家，中国唯一上榜的城市香港，也只有 58 家。虽然城市书店数量的多少并不能成为衡量城市是否宜居的绝对指标，但它至少是指标之一，这就足以令我们感到欣慰。

同时，我们在研究过程中也得出了这样的一个结论，即“如果一座城市可以容纳那么多的娱乐场馆，那么这座城市就值得拥有书店”。所以“立足于城市的高度去看书店未来的发展”，这就是我今天跟各位演讲的一个主题。对于书店这样一个很微小、很细节的个体，它究竟在城市当中能有什么样的地位，希望我能够在今天短短的十几分钟时间内，为大家提供一些不一样的解读。

一、书店和城市的关系解读

美国城市学家刘易斯·芒福德曾提出这样一个观点：“城市形象是人们对城市的主观印象。”①我们的研究团队常说，城市形象有两个系统：一个是

---

① FOOT J M. From boomtown to bribesville: the images of the city Milan, 1980－1997[J]. Urban History, 1999(3):393－412.

硬系统,一个是软系统。硬系统指的是城市中的街道、城市的边界、城市的建筑节点和标志等;而城市的精神、城市的色彩、城市的市民、城市的氛围、城市的广告和城市的口号等,这些都是城市的软系统。

以城市口号为例,南京的城市口号为"江南佳丽地,金陵帝王洲",成都的城市口号有"成都是一座来了就不想走的城市""锦官城里花锦绣,蜀都芳华史墨香""游古蜀都,评品成都特色文化"等。这些城市口号就是城市的软系统。而今天,我们要在城市软系统里面再增加一个最重要的组成部分,即城市书店。

书店是城市形象的组成部分之一,如果一座城市的书店不成型,就意味着这座城市的形象支离破碎,或者这座城市的形象不完整。所以以城市形象为出发点,书店不仅仅是人们的精神高地,也是一项民生工程,因为一座城市的形象与城市的民生是密切相关不可分割的。

当城市的书店与城市口号、城市精神、城市色彩、城市市民、城市氛围一并成为城市的形象代表,并成为城市的文化标杆时,我们不难得出一个基本的结论:城市书店将承载我们对一座城市的文化想象。

二、书店在城市中的作用挖掘

作用一:书店,是一座城市多重空间的重要组成部分。一座城市不仅需要高楼大厦,通衢大道,还需要文化,而书香弥漫的书店就是这种文化功能不可替代的体现。

作用二:书店,是一座城市最温暖的地标。国内知名的方所书店创始人毛继鸿先生曾经说:"一座城市的地标不应该仅仅是高楼大厦,也不能仅仅是名胜古迹,书店应该是最具温度的城市地标。如果你走在一座城市,一拐角就遇到文化,多温暖啊?"①这几句话真好。城市书店容纳了这个城市所有的文化精髓,彰显着城市的文化思想、文明价值、传播水平的先进性与魅力

---

① 猪头班长.例外服装董事长毛继鸿:例外就是创造与众不同　方所是独一无二的模式[J/OL].职业经理人周刊.(2012-12-10)[2019-12-03].http://www.execunet.cn/newsinfo.asp? id=94818.

度。这一点，我也希望各位做书店的朋友可以自己去挖掘一下，该如何利用书店去提高一座城市的魅力程度。

作用三：书店，是一座城市的“公共客厅”。一座城市为什么要支持书店的发展，是因为书店为这座城市做了很多在其他地方花钱都做不到的东西。正如有人所说，一座城市需要有“公共客厅”来作为一个荒凉大城市里的温暖小据点。人们可以在这个“小据点”里培养“小区”情感。一座城市可以有很多“公共客厅”，而书店就是其中最重要的“公共客厅”。

对于部分人口来说，一座城市有没有好的书店会是他们判断这座城市是否有吸引力的重要标准之一，因为书店是一个令人置身其中就会产生幸福感的地方。

作用四：书店，是城市形象的传播载体。图书是一种重要的传媒媒介，而作为装载图书的书店，它更应该作为一种强大的传播媒介以凸显它的传播力量和价值，这是未来书店一个非常值得挖掘的潜力。

众所周知，中央电视台、《人民日报》都是非常有影响力的传播媒体，但同时我们也要明白，书店也是其他大众媒体所不能替代的一个传播载体，这是因为它本身就具备传播信息、传播文明、传达立场的功能。基于此，我们提出了一个重要的观点，即书店就是一个传播渠道；书店就是一种传播载体；书店甚至可以成为一个传播的平台。

对于城市而言，书店不仅仅充当着权衡是否宜居的一个标准，它更应该从内到外地散发出和这座城市一致的味道和气质，并以此来体现城市的文化气质和内涵。如果说书店如人的话，那么书店还能体现出这座城市人的言谈举止和处世风格。

作用五：书店，是城市变迁与城市记忆的重要载体。书店是一座城市的见证者和记录者，书店应该被善待、被珍藏，被留存和修复，而不是在时间的流波当中被遗忘、被冲散甚至被抛弃。

作用六：书店，是城中人的精神栖息地。《书店的灯光》一书中有一段话相信大家也都看过，它确切地描写了书店在城市中的意义：“阅读只是构成我们社会的一个部分，但其作用却不能低估，书店仍然是我们自由和不受限制地交流思想的场所。在书店里,我们可能在众人中独自寻觅,但我们是和他们联系在一起的,即便我们现在停止一切出版,要为我们已有的书籍找到归宿也需要很长时间,所以我们仍然需要书店作为书籍的集散地。书店不是一个乌有之乡,而是一个可以提供诸多乐趣的实地。”

一座城市的成就,并不在于它接待了多少高贵的客人,而在于它接待了多少精神的拾荒者,或者精神的追求者。

在互联网时代,作为一个多年研究传媒的学者,我依然保持着即使已经不再去实体书店购书也要逛书店的习惯。统计下来,我每年购书的数量可观。在学院里面,除了我的办公室以外,我还有一个专门的小型研讨室,大家到那里去看就知道了,那就是一个书库。我们还有一个博物馆,博物馆只要有空闲的空间,也是装满了书。在书籍的面前我们都是精神的拾荒者,像一个淘宝者一样,这就是我们跟书的关系。如果没有了书店,我们这些人真的就成了乞讨无门的乞丐。

作用七:书店,能使城市的声音视觉化。我们在研究当中发现,书店能使城市的空间在高楼大厦中间具有节奏感。繁华如北京的 CBD,迎来送往,车水马龙,每天有无数的商业奇迹在这里诞生。但 CBD 也仍有缺陷,即没有一家像样的书店。也正因如此,CBD 的大楼再高,人再高档,也是荒凉的,是死板的,是没有生气的。书店是可以把声音视觉化的,它可以让城市空间有节奏感,也能实现城市生活情绪振幅的扩张。

作用八:书店,能够使城市生活、城市工作具有一定的仪式感,从而使城市的工作者、生活者获取工作、生活之外的心灵感受。之所以我们每个人都想逃离北京,我认为,原因之一是北京的书店跟东京差距太大。我们要想把这种逃离北上广的问题解决掉,措施之一就是赶紧建设支持书店,让书店在这些城市生根、生长起来。

作用九:书店,通过扩大时间的密度,为城市快节奏的生活、紧张的工作带来一种舒缓感。

作用十:书店的存在,能使城市的居民感受到一种日常生活的质感,能使城市的居民理解“悠闲时光的价值”,并使城市的居民更懂得“享受的过程”。

回到开头那个问题，你想想，书店对于一座城市有这么多的价值，有这么多的作用，我想无论是从财政上，还是从道义上来讲，政府在各个方面给一点资金把书店办好，一点都不为过。

城市能为书店做什么？

城市应该给予书店一定的政策支持，包括优势的地理位置和税收减免等。城市，作为书店的载体，应该为书店营造利于其生长的空间和环境，支持和保护书店的成长和发展。

法国的图书节，相信很多人都参加过，第 18 届法国图书节就曾以“文学之夜”和“一城一书”为主题策划和执行了一系列的读书活动。“文学之夜”活动围绕“文学”主题，同步展开群众集会朗读、写作竞赛、图书展览、文艺沙龙、辩论空间、文学漫步、戏剧演出、街头表演、流动宣讲等活动。“一城一书”活动在法国各大城市及 100 多个合作国家陆续展开。每一座城市选择和本地区相关的一位作家或一部作品，组织作品重温、作家探访等活动。

目前法国读书节的活动已延伸到世界各地，北京、台北、东京、雅加达等城市都举行了相关活动。其实这件事我们也应该和可以来做，但是我们并没有去做。城市应该把书店的宣传作为城市形象和城市文化宣传的重要组成部分，我认为是支柱性的部分，从而让更多的人关注城市书店，并走进城市书店。

三、城市实体书店的发展路径

在座的各位都是专家，对于实体书店的发展都各有高见，所以我只是从传播的角度略抒己见。城市实体书店的发展路径之一，应该是完善书店从设计、品牌塑造到传播、推广的整体系统。

我们建议大家在做城市书店的时候，要策划先行，包括目标市场和受众前期的调研、定位、口号的梳理、视觉形象的设计、传播路径的规划等，不断释放信号，积累品牌认知，持续引流，要把书店跟城市的关系、书店跟城市人的关系、书店跟城市文化的关系梳理好。

另外,在城市形象系统当中,一座城市书店的设计应该与城市的整体风格保持一致,并以城市特色来凸显书店的特色。大家可以看到刚才得奖的特色书店,大都体现了这一点。

再者,强化实体书店的传播属性,将书店打造成一个传播媒体也相当重要。因为"书店不只是一个卖书的地方",书店的升级意味着它的功能将更加丰富,而不是一个简单的替代。书店对于城市来讲,应该是城市形象的展示平台,是城市形象的传播平台,更是城市文化活动的承载平台。

城市书店的发展应该顺应时代的发展,加强传播力度,做足亮点传播。这里也有一个故事分享给大家。英国有个小镇要选国王,这其实就是一个旧书的推广活动,但是经过一场精心策划,引爆媒体"地毯式轰炸"之后,这个活动就成了一个爆点,让英国小镇海伊从一个不知名二手书市场变身成为"天下旧书之都",最终成就了一个经典的案例。

我不知道大家有没有研究过,其实我们随便一个旧书市场都可以做到这个概念。但是纵观咱们众多的特色小镇,建设当中空间无数,却没有人去精心策划、组织执行这样一场营销活动,以精准传播的力量来带动当地的发展。

跳离同质化竞争的格局,做有自身明确定位和特色的书店。日本最美书店茑(niǎo)屋书店应该可以说是最经典的案例。茑屋书店的母体 Tsutaya Books,于 1983 年在日本大阪创办,在成立之初,Tsutaya Books 是以销售二手书为主营业务的连锁书店。而在 2011 年开业,以"T-Site"命名的代官山茑屋书店,一改往日社区书店的朴素形象,用园林般自然的室内设计风格为读者营造了令人愉悦的阅读感受,在全球商家费尽心机吸引年轻顾客的当下,逆势将"熟年人"作为主要目标用户。

茑屋书店特色鲜明,细分目标受众,专为特殊的受众群体"熟年人"而建。不同于时下众多书店的"年轻范儿",茑屋书店将受众定位于日本一个特殊的群体——出生于 20 世纪五六十年代的"熟年人"阶层,他们的年轻时代正赶上日本经济腾飞的时期,如今他们虽已迟暮,但依然保持着中产的生活情趣和较高的审美需求。这个人群定位也可以泛指那些"与茑屋所提倡的生活方式有着相似品位"的人,抛开年龄界限,他们始终在媒介、商业空间以及休闲活动中品位与共地诠释着"熟年"的概念。

最后我想说,一个书店就是一座城市,我们日臻完美的精神自我居住其中,书店是城市的书房,书店是城市的会客厅,书店是城市的灵魂。一座没有书店的城市是荒凉的,一座没有阅读氛围的城市也必将是乏味的。我们要满足人们对美好生活的向往,举措之一就是把当地的书店做好。

以上是我跟大家分享的全部内容,谢谢各位!

(本文系中国传媒大学国家广告研究院院长,城市品牌、城市形象研究专家丁俊杰教授在中国书店学习大会暨"新时代杯—2017 时代出版·中国书店致敬盛典"上所作的演讲)

旅游传播立足旅游，更要超越旅游

在当今社会，旅游业的发展越来越受重视，但是旅游对于中国各个城市、各个区域的意义如何，我们的认识却远远不够。此外，我们今天的话题是旅游传播，但在当下新媒体的传播环境中，我们对旅游传播的认识也是已知的远远不如未知的。

旅游传播是一把双刃剑。一方面，传播工作到位，有利于打开某个地区的知名度，吸引大量的游客前往观光游玩，带动当地的经济发展；另一方面，一旦传播链上出现一些负面的声音，如一道天价菜、一条鱼、一只虾，甚至只是一幅图片、一条微信，都可能导致我们的心血付诸东流。可见传播之于旅游，真是“成也萧何，败也萧何”。

因此，传播对实际的旅游工作来讲，是深不可测的，我们必须予以测量，必须见底，才能称得上是合格的旅游传播工作者，进而促进旅游业的发展。

在此，我想跟各位阐述我的核心观点，即中国旅游业要想与世界同步，其发展必须允许多学科的介入，不能就旅游而旅游。仅从旅游的角度来研究旅游，那是学者的事情，那不是我们旅游工作者或者旅游管理者的事情。旅游管理者要想管理好旅游，旅游实际运作者要想运作好旅游，就必须多学科、多领域、多视角来管理旅游和运营旅游，这是一个大前提。

一、旅游本身就是一种情景共享的传播媒介

在多学科介入的情况下，传播是重中之重，尤其在当下，传播的问题不

解决，旅游的发展就会遇到重重障碍。因此我的演讲题目叫“无传播不旅游，无旅游不传播”。从概念的角度讲，针对不同的主体和人群，“无传播不旅游，无旅游不传播”有着不同的含义。

对于消费者、旅游者来说，现在的旅游者、消费者们不再只专注于游山玩水、吃喝玩乐。更重要是在旅游之前，他们就已经做好了各种传播的准备；旅游已经成为他们与社会沟通、与好友沟通、与朋友圈沟通的重要的生活话题。也许有人会说这是一个“个人秀的时代”，这是一个“个人炫耀的时代”，而实际上这是网络带给我们的分享概念。

对于城市管理者和旅游运营者来说，这个概念也是如此。对于城市管理者而言，传播不仅仅局限于大众传媒和网络，旅游自身也是一座城市和景区的传播媒介，只不过这个媒介相对立体，综合性更强，参与度更高，是一种情景共享的媒介，也是一种可以跟所有其他媒介一起共同对一座城市和景区形成形象的媒介。正因如此，旅游就如一面放大镜，一座城市的优点和缺点都可以通过它被放大。

从这个角度来讲，我们需要给旅游传播做一个清晰的界定。具体来讲，可以暂且借用市场营销中“首席传播官”这个概念，从这个概念出发去审视旅游，可以看出旅游不只是传播部门的事情，它与各个部门，与产品、销售、行政、人事都有关系，通过旅游传播这个触点，最后和消费者接触。

所以，当下亟待解决的问题是旅游目的地的传播意识、传播立场的统一和强化。传播是一盘棋，传播是最高神经，它甚至超过了“旅游内容”这个概念，因为旅游本身内容的规划设计只与旅游有关，而传播却涉及当地的经济、文化、民生等诸多方面，旅游只是其中的一个小点。

有人认为如果要衡量一个地方的旅游业蓬勃兴盛与否，最大的衡量标准是到访游客的数量。然而，如果一个地方的旅游传播规划做得不好，城市规划有缺陷，那么来的人越多，暴露的问题也就越多。举个例子，有一个神秘的国度朝鲜，大家都想去朝鲜旅游，但我们去朝鲜不仅仅是去看那里的山和水，可能更感兴趣的是那里的民生、那里的政治形态。我想借这个比喻跟各位讨论的，就是旅游目的地的传播不仅仅跟旅游有关。我们立足于旅游，更要超越旅游。从这个角度来讲,旅游传播立场的强化是重中之重,是我们绝对不能忽视的。

二、旅游传播是一种沟通方式

旅游传播不仅仅是一种宣传手段,不是自上而下你想说什么就说什么的一种运作,更是一种沟通方式。旅游传播有别于宣传,它不是政府的管理者或者景区运营者对消费者、旅游者所做的单向传播,而是包括政府、旅游者等多种主体在内共同作为的一件事情。

旅游从传播的角度讲,其实是一门沟通的技术,与游客的沟通、互动是我们在旅游过程中要着重研究的,也就是在传播过程中,究竟要展示什么内容。传播的内容分为计划内信息和计划外信息,计划内信息是想要对外传播,故而提前就策划和规定好的,并且在一定程度上也是可控的。但信息时代,计划外的信息可能会更重要,并且是不可控的,是超旅游的,是客观存在的。

当下,我们的旅游传播已经发生了根本性的变化,具体的变化就是从以往静止规划的静态传播向互动性传播过渡。过去我们往往依赖大众媒体,出了问题我们只要和大众媒体沟通好就可以解决问题,同时我们的正面形象、品牌也可以通过大众传播来塑造。

但在今天,这样的操作手法已然行不通了。因为过去的传播渠道、媒介屈指可数,故而可以掌控,可以计算。而当下我们已经进入了一个大数据驱动下的精准传播时代,而精准传播呈现的是场景化、多触点,是长链条、无缝连接。譬如,今天的部分旅游者虽然还没有下订单,还没有做出最终的旅游决策,但是有些旅游部门的后台数据就已经精准算出了他想要的东西,这就是大数据指导下的精准传播,这种传播给我们带来的思考是颠覆性的。

我们可以看一个例子,一般的旅游目的地网站会以呈现观光景点为主,但韩国观光公社却设计了一个互动网页——感触韩国 Touch Korea,人们可以通过网站上的互动小游戏来实际地体验韩国的美食、传统文化、日常生活等,这种将文化与观光细致地结合起来的做法,帮助游客大大提升了体验深度。韩国旅游网站与消费者之间的沟通,是信息时代一种新的沟通方式,体现的是一种互联网思维。从这个角度来讲,为什么强调"无旅游不传播",至少有以下三个维度,要引起我们的关注。

第一,从消费者的层面讲,旅游者、消费者也是旅游传播者。这与体验时代,受众消费习惯的改变有着巨大的关系,分享变成关键点。这里需要注意,消费者作为传播者,对旅游目的地的形象传播具有正反两面性。尤其是在新媒体生态下,旅游传播打破了单一利用媒介工具传播的模式,但同时传播舆论也变得不可控起来。

因此,如何利用好消费者的分享传播,便成了研究重点。我们可以看看国外的一些实践经验,比如由生产者和消费者共同参与和完成的社会传播理论同样适用于旅游传播。早在 1999 年,美国学者阿吉特·坎比尔提出了"协同创意:一种新的价值来源"的观点,他指出:"以吸引消费者直接参与生产或销售为基础的协同创意,为生产和消费的关系增加了全新的动力。"①协同创意理念以消费者为核心,生产者必须学会如何激发消费者的协同创意价值,协同创意的成功范式是社会传播和社会生产有效融合的例证。这一概念对旅游来讲非常有启发性,也就是说我们的旅游传播是需要旅游者一起共同来完成的。此外,将一个企业的任务通过互联网分配给用户的众包模式也值得旅游传播领域借鉴。尤其在当今时代,传播强调的不是主与客的概念,而是传播者与被传播者共同在做一件事情。

第二,旅游产品变成了旅游传播媒介。旅游产品和旅游服务需要满足顾客的体验需求,重视其消费过程中的感官体验和情感体验。体验的类型有娱乐、教育、逃避、审美四种,任何一种旅游体验产品和服务都是旅游形象传播的核心媒介之一。一个地域旅游的好形象与坏形象、好口碑和坏口碑都可以通过这些产品和服务传播出去。

第三,旅游过程就是一个传播过程。从技术角度来讲,过去我们所强调

---

① AJITKAMBIL,FRIESEN G B.A sundaram co-creation:a new source value[J].Outlook,1992(2):38.

的旅游七个要素实际上都是传播源,都是传播点,每一个环节都处于传播过程中。而如今,随着大数据技术的发展和普及,通过分析旅游者消费喜好、情感诉求,制定相应的策略,以引发受众的主动口碑传播则也变得至关重要起来。因此,从传播角度去看旅游,旅游应该更加注重细节的完善和质量的提升。

旅游者就是传播者,旅游产品本身已经成了旅游传播的媒介,旅游的过程变成了传播的过程。所以,我们希望能从旅游传播者、从旅游传播媒介、从旅游传播过程的维度来关注旅游。

三、旅游传播的新特点:从宣传到传播的六大转变

在"无旅游不传播,无传播不旅游"的大概念下,我们需要进一步思考由传播视角切入后,我们的旅游以及旅游传播工作应该怎么做。

以前,我们更强调旅游宣传,旅游宣传是一种单向的、自上而下的传播,而如今我们希望能够用旅游传播的概念替代旅游宣传的概念。但首先需要明确的是,这不只是一个概念的转变,而是从理论到概念、实践,全方位的转换。只有这样,才有可能真正地做好旅游传播。

对于旅游传播来讲,至少应从以下六个方面来看待这种转变:它的新概念、新方法、新过程、新内容、新媒介、新目标都超越了原有旅游宣传的概念。

新概念,在这样一个智慧时代、体验时代、沟通时代,旅游传播在以消费者为主、多元参与的基础上有了新的含义。那么,如何定义"旅游传播"?我们认为,旅游传播是指以旅游消费为核心的多元参与(包括旅游主管部门、当地居民、企业、社会组织等)驱动来生成传播内容,并通过媒体形态进行扩散、关联以达到价值共建与共享的互动和沟通的集合。

新方法,即从"下定义"到"摆事实",传播内容也由"点"及"面",即围绕衣食住行等各方面全方位的传播。也就是说,过去的传播强调某某地方能够给游人带来什么样的特殊感受,而现在则强调在一个旅游目的地,游人能看什么、能吃什么、能做什么、能玩什么、能感受什么。

新过程，以往的旅游传播是一个线性的过程，虽有反馈但缺乏真正的互动，缺乏真正的用户思维。新的旅游传播应该是可设计的互动和沟通行为，是体验和价值的集合，旅游传播不由参与的任何一方所控制和主导。

新内容，旅游传播不再单纯地围绕景区和目的地做推介，即有什么就推什么，而转向以用户的需求为主，即用户想要什么就生产什么、传播什么。在信息更加开放的今天，旅游口碑传播和黏性变得分外重要。这里面，口碑和黏性的形成都是非常专业的工作，例如我们旅游传播研究中心和大象群合作，不仅有一套理论体系，不仅有一套方法论，我们还有我们的工具箱，更有丰富的案例，从概念到理论构建了一个完整的研究体系。

新媒介，从沟通和互动角度来讲，可以说有多少内容就有多少媒介。伴随着互联网技术的发展，媒体的种类将更加丰富，媒体的形态将更加多样，媒体之间也将更加融合。而旅游传播则需要灵活适应媒介融合发展创造的新语境。

新目标，以往的旅游传播主要以经济交易为目标，即促使旅游者、消费者产生消费。而未来从旅游传播的角度来讲，旅游不仅仅要达成交易，更重要的是要产生与分享价值，形成基于旅游传播过程的全价值量。这会使旅游传播的价值更丰厚，对一个社会和地区的影响会更大，从而形成旅游传播的全价值链。这种价值不属于某一群体，而是属于参与价值链共建的所有群体。而且，最终创造的也不仅仅是经济效益，更重要的是着眼于社会大价值。

四、旅游传播的趋势：多元参与

追求多元参与，讲究共建，是旅游传播的趋势。旅游传播要追求多方共赢的结果，旅游传播贯穿旅游发生的全过程，而旅游全价值链的构建，也存在于旅游传播的全过程中。

在这样的趋势下，有几个点值得我们研究者、管理者以及运营者关注。

一是旅游传播要有指数研究，所谓有数据才有依据，谁也不能信口开河，看着景区乌泱乌泱的人群就觉得旅游传播成功了。不是这么简单，一定要有指数研究。我们在这方面构建了指数体系、指数概念。对于旅游传播效果评估，有数据才有依据，我们要做科学的分析、科学的评估。

二是旅游广告投放效果的评估，研究旅游广告效果评估的分析维度，深度解析广告投放的实际表现形式，建立优化基础。

三是注重数据在旅游传播当中的应用，我们已经由一个 IT 时代进入了 DT 时代，我们也习惯叫大数据。大数据不只是口号，所谓数据智能既要注重大数据，也要注重小数据，更要注重中数据，不是说大数据就可以替代一切，小数据的价值也许更有效，这一切都依赖于我们的传播。

四是组建旅游传播专家智库，以更开放的姿态和多样的形式营造旅游传播的话语环境和氛围，集合众人之力做好旅游传播研究，讲好旅游故事。

（本文系中国传媒大学国家广告研究院院长，城市品牌、城市形象研究专家丁俊杰教授在“2016 首届旅游传播国际论坛”上所作的开场演讲）

篇五

文化产业发展是考验全局观和前瞻性思维的“民生工程”

文化与城市是一个什么关系？这是一个没有标准答案，又必须得回答的问题。

人类在工业化的进程中消耗了大量自然资源，同时造成了严重的环境危机，在经历了以资源消耗为主的工业时代之后，许多资源型城市开始转向服务型城市。然而，信息时代的文化产业也面临着许多发展困境，例如传统城市转型的局限、“千城一面”的城市形象规划、量大质差的“鬼园区”接踵而至等。这些问题不仅制约着经济的增长，也束缚着城市的成长。李克强总理在政府报告中着重强调了“互联网+”对中国经济社会的推动作用，我们也由此看到了信息时代城市发展和城市文化产业发展的美好前景和未来。

竞争战略之父迈克尔·波特曾提到：“基于文化的优势是最根本的、最难以替代和模仿的、最持久的和最核心的竞争优势。”①所以我们认为，当城市资源逐渐枯竭时，文化才是城市最大的不动产。

然而如何有效协调文化产业与城市的关系，怎样好好把握文化城市未来的发展趋势，是我们当前面临的重大机遇与挑战。要搞清楚以上问题，首先应当理顺城市与文化产业二者之间的关系。

---

① J M FOOT. From boomtown to bribesville: the images of the city Milan, 1980－1997 [J]. Urban History, 1999(3): 393－412.

一、文化产业是城市新的增长点

第一,城市与文化产业是共生的,不是割裂的。在文化大发展的今天,每个城市都在寻求转型,都在全力以赴发展文化产业。一方面,文化产业作为发展主体要以当地文化资源、文化资本、人力资源、科技实力等方面作为出发点,最大限度地与城市定位和城市形象等其他"基因"要素相匹配;另一方面,文化产业要主动与其他产业形成良好的互动与融合关系,因为好的城市发展及口碑离不开良性的产业布局。

第二,文化产业是城市新的经济增长点。早在20世纪30年代,美国爆发金融危机的时候就有学者提出"文化逆向"的现象,即越是在第一、第二产业不景气的阶段,文化消费越是繁荣。20世纪美国几次经济危机,都促进了美国电影的繁荣。20世纪30年代美国经济大萧条,造就了卓别林、费雯·丽等一批超时代明星;70时代石油危机,又成就了新好莱坞的崛起。我国当前传统经济增长逐渐趋向缓和,但是新媒体、在线旅游、现象级影视节目、互动性广告等文化产业黑马现象的迸发使城市的经济产生了新的增长点。文化产业不仅创造了巨大的效益,还使传统产业有效升级,促进了经济的生态发展。

第三,城市既是文化产业发展的"容器",也是文化产业发展的"土壤"。城市中的建筑、环境、文化、风俗等要素是文化产业创新的孵化器,文化产业正在城市这个"容器"中实现创新孵化和集聚扩散。没有城市这个空间载体,文化产业就没有了根基。城市不但为文化产业发展提供空间,同时也在提供着人才、资金、思想、社交网络等,而正是城市在上述方面的集聚功能,才使得文化产业的发展成为可能。

第四,文化产业让"形象经济"最有可能实现。"形象经济"是通过形象及其效应获取价值和利润的经济。当工业文明导致生产过剩进而导致社会竞争目标转移的时候,当人们从物质需求转向精神需求的时候,当物质商品经营转向信息商品经营的时候,"形象"在这个时代特定的经济属性其实已不言而喻了。作为一种时代特征,“形象”对我们的影响和意义是全方位的,导致我们的消费方式和消费观念也发生了改变。对于一座城市来说,“形象经济”更是城市文化产业发展的直接体现。

文化产业在享受城市所提供的一切便利与资源的同时,也在反向滋润着城市的发展,甚至可以这样说,文化产业已经在深刻改变城市。

二、文化产业发展非朝夕之事

发展文化产业的现实意义和重要性怎么讲都不为过,但与此同时,发展文化产业却又不可盲目跟风。文化产业发展是一项系统的工程,也是考验全局观和前瞻性思维的“民生工程”。它的发展与罗马城一样,不是一天建成的,而是关乎政策鼓励、金融支持、基础设施配套、文化品牌整合、创意人才集聚等多要素的共同发力。

世界城市品牌之父西蒙·安浩调查发现,人们在选择旅游目的地时,只会选择印象最深刻的三个城市。人类记忆极限与城市数量之间矛盾突出,这个时候城市形象的定位与传播就成了不二之选。文化产业不但是城市形象定位的组成部分,同时也能够通过自身发展的规模与特色成为城市形象定位的独特记忆点。

例如成都,紧紧围绕内容至上的文化发展战略,充分利用西部丰富的历史文化资源,整合了“大熊猫生态文化—古蜀文化—三国文化—水文化—诗歌文化”等系列文化形态,从战略、资金、硬件、内容、营销等方面打造文创之都,形成了以园区化、楼宇化为载体模式,以重大产业项目为带动,以骨干企业为支撑,文博旅游、创意设计、演艺娱乐、艺术品原创、动漫游戏等行业快速发展的新格局。当成都城市文化的宣传片亮相纽约时代广场的时候,昔日的“天府风光”“熊猫故乡”“蜀汉文化”让世人眼前一亮。

三、储存、流传、创新：文化城市的未来

美国社会哲学家刘易斯·芒福德在《城市文化》一书中提到："城市是文化的容器，专门用来储存并流传人类文明的成果，储存文化、流传文化和创新文化，这大约就是城市的三个基本使命。"①这三个使命也正是文化城市发展的内在规律和追求的终极目标。文化产业与城市深度融合，文化城市的概念呼之欲出，其未来发展趋势有以下五个方面。

第一，文化产业的支柱性功能越来越突出。"文化产业"不仅仅是光鲜的城市名片，更是城市经济发展的新引擎。文化产业不但能提升城市居民的生活品质，还能吸纳就业人口、丰富文化产品与市场。随着经济结构的调整，文化产业在城市经济中所占的比重会越来越大，将成为衡量城市经济发展水平的重要指标。创意农业、观光工厂的迅速崛起，就得益于文化产业对第一、第二产业的反向支持。

第二，文化产业的品牌特性愈加明显。文化产业是感性和理性的结合，也是科技和文化的融合。在物质生活极大丰富的今天，人们在文化消费的时候更加注重价值感、情感及美感的体验和收获，而文化产品的品牌最大限度地满足了消费者对某种文化的认同感。所以在互联网及社交媒体改变了人们接受和传递信息方式的当下，文化产业本身已成为一种传播内容和传播渠道，更为直接、有效地去传递城市形象。

第三，"文化 IP"的拓展及应用。所谓"IP"（Intellectual Property），即知识产权，而"IP 模式"则指围绕着人气高的作品和形象开发网络文学、游戏、动漫、电影、综艺节目、电视剧等文化产品。"IP 模式"从理论模型逐渐变成了文化产业界清晰的现实路径。"IP 模式"的成功运行，得益于知识产权保护法律法规的逐渐完善和人们产权意识的逐渐觉醒。作为一种新兴文化模式，"IP"融入城市作为文化的载体后，可以将更多的文化形象融于产业链中

① 芒福德.城市文化[M].宋俊岭，李翔宁，周鸣浩，译.北京：中国建筑工业出版社，2009：33.

表现出来。“IP”的开发首先要挖掘城市文化元素,以形象为载体进行衍生产品的开发,在产品的开发中巧妙地融入城市文化、旅游形象,以此全面刺激文化消费市场,打造文化的全产业链条,从而实现“城市商品”“城市文化”“城市形象”的高度统一。

第四,文化产业园区泡沫化。文化产业园区是一系列与文化相关联的、产业规模集聚的特定地理区域。近年来,我国的文化产业园建设受到普遍重视并初具规模。但是,我国当前大部分文化产业园区停留在起步阶段。全国有文化产业园区 2500 个,其中 90% 亏损或还在招商中,真正盈利的低于 10%。而西方国家的文化产业园区首先诞生于浓郁的文化氛围中,成长于企业与城市的融合之中,成熟于激烈的市场竞争中,并且城市可以为园区的建设提供足够的人才、包容和科技,也就是佛罗里达在《创意阶层的崛起》一书中提到的“3T”(Talent、Tolerance、Technology)。

文化集聚源于城市中的创意生态环境,也就是说文化产业园区建设的最终目标是服务于整个城市的经济、社会、文化,所以建设生态文化园区是城市最大价值的实现。中国文化产业园区模式将从“文化产业开发区”“文化创意产业园区”的初级阶段逐步过渡到“城市文化与创意城市融合”的高级阶段。

第五,文化产业的复合平台化功能。由分散到集聚、由产品到服务、由文化产业园区到文化产业小镇、由增量扩张到存量改造、由粗暴嫁接到有机嵌入,每一种形式的进步都意味着文化产业复合平台化功能的进步与完善,而这种功能也正是城市与文化产业最佳的融合方式。将文化产业平台化,就可以利用平台优势吸引其他产业人才、资金、思想的汇入;而将文化产业复合化,则可以在文化产业功能之上融合其他产业功能,实现共存式发展。

文化是一座城市的灵魂、一座城市的根、一座城市的独特养分。在物质生活极其丰富的当今时代,城市的特色被消弭,文化便成为唯一的“救赎”途径和手段,成为一座城市被记住的一张特有的名片,是城市最大的不动产。信息时代城市文化的重建、城市文化经济的飞跃式发展及智能城市的管理和创新,都将为中国城市和城市文化的建设和发展带来崭新的机遇和未来。

(本文系中国传媒大学国家广告研究院院长,城市品牌、城市形象研究专家丁俊杰教授为国家出版基金资助项目《“互联网+”与文化发展研究系列丛书》之《网罗城镇——未来城市的想象力》一书撰写的序言,收入本书时略有修改)

篇六

“浪漫之都”大连:请别停下你浪漫的舞步

在这次去大连工作的路上,我恰好读到了一篇网文:《我还是很喜欢你,大连》。先不说文章的内容,仅仅标题中的那个“还”字,就有一些意味深长的味道。不知道读者看了这个标题感觉如何,我个人却在思考这个标题是否想要表明大连没有以前那么可爱了,或者大连没有以前那么自信了。

依山傍海的大连,虽地属东北,却是一座海滨之城,冬无严寒、夏无酷暑是其得天独厚的自然优势。大连曾经是自信的,大连曾经也是有野心的,同时大连也是非常美丽的。大概在十年前的一次全国旅游城市评比当中,大连是与成都、杭州同进前三名的城市。但如今再做一次这样的评选,大连还能够进入前三名吗？这是一个问号。

十几年前,东北人有一种说法,“去什么国外旅游啊,去大连转一圈儿得了,大连跟国外一样”。这句话虽然土,但是你能感受到的是当时大连对东北的那种辐射能力,那么今天,大连对东北人是否还有这种辐射能力呢？这也是一个问号。

毋庸置疑,如今的大连跟几年前的大连相比大相径庭,城市主要干道和街心广场都经过了精心的改造,铺上了很多大面积的常绿草坪,出海时回望大连,除了美丽,海风轻拂,空气中似乎也少了很多烟尘的气息;低头观水,蔚蓝清澈,令人倍感欣慰。

早在1998年,没有名山大川、千年古刹的大连,开创性地提出要打造“浪漫之都”的旅游城市品牌,并且提出要把大连建设成高知名度、国际化、大客流、高创汇的中国旅游名城和国际风景旅游城市,继而树立国际海滨旅游名城的目标。而后的2000年,“浪漫之都”在国家工商总局成功注册。

美国学者G.格伯纳的“培养理论”认为:“在现代社会,大众传媒提示的‘象征性现实’对人们认识和理解现实世界发挥着巨大影响。由于大众传媒的某些倾向性,人们在心目中描绘的‘主观现实’与实际存在的客观现实之间出现了很大的偏离。同时,这种影响不是短期的,而是一个长期的、潜移默化的、‘培养’的过程,它在不知不觉当中制约着人们的现实观。”①

城市宣传片通过对城市文化的总结和梳理,利用具体的视觉符号建构出独特的城市形象,这个被建构出来的形象就是格伯纳所指的“象征性现实”。城市宣传片通过长时间的、持续的城市形象宣传,使受众对城市的固有印象在潜移默化中得到修正和改变,从而逐渐认同作品所展示的城市面貌以及蕴藏其中的城市精神。

城市宣传片打的是地域特色牌,它要求深入挖掘独具文化特色的城市品牌作为宣传对象,在城市发展战略规划的指导下,逐渐塑造和提升城市形象。在国内众多城市还没有开始重视城市形象品牌建设的时候,大连在率先将“浪漫之都”确定为大连的城市旅游形象以后,又利用中央电视台这个媒体平台把“浪漫之都”的城市形象树立了起来,通过城市宣传片,向人们展示了大连美丽的城市环境和浪漫的旅游环境,也让大连从一个传统的老工业基地迅速建立起崭新的旅游城市新形象。

当然,除去利用城市形象宣传片来传递大连“浪漫之都”的城市形象以外,“浪漫之都号”大连旅游“大篷车”、标志性的“大连服装节”“大连进出口交易会”“亚欧部长会议”等大型活动、《人民日报》《美国世界时报》的强势宣传以及各种传播手段的配合使用,都为当年的大连城市形象传播打出了一套漂亮的组合拳。

作为一座成长中的新型旅游城市,不可否认,大连在城市形象品牌建设方面一度下足了功夫和气力,并取得了卓绝的成就。但近些年来大连却给人以散乱的感觉,而它想要真正成为一座世界级成熟型的旅游城市,就必须

① 郭庆光.传播学教程[M].北京:中国人民大学出版社,2011:205.

要找准城市的定位，塑造具有独特品牌、独特氛围的城市整体形象。

这次来滨城，说来也是与城市品牌的建设问题密不可分。对于大连的城市品牌与形象定位，我也有一些个人的小观点。国务院办公厅曾印发过《关于发挥品牌引领作用推动供需结构升级的意见》，与之相适应，政府有关部门也先后发布了五个文件，将品牌提升到了国家议程的高度，这是我国对品牌建设提出的新要求，也是城市发展必须解决的问题。

所谓城市定位，简单来说，即充分挖掘城市的各种资源，按照唯一性、排他性和权威性的原则，找到城市的个性、灵魂与理念。任何产品和服务在市场上的竞争都离不开独特的市场定位，城市也不例外。因为定位的实质就是将城市放在目标受众心目中并给它一个独一无二的位置，由此形成这个城市鲜明的品牌个性。

定位是品牌建设的灵魂，城市品牌存在的价值是它在市场上的定位和不可替代的个性，就如同产品品牌一样。著名品牌之所以屹立百年不倒，就是因为它始终遵循着自己的定位并保持着与竞争对手的差异。

尤其在全球化的大背景下，品牌建设将成为未来的重要竞争领域。所以我们绝不能从功利的角度去理解品牌，因为品牌不仅仅是一个 Logo 或一句口号，品牌也不只是牟利的工具。品牌构建，既是一个由内而外的展示过程，也是一个由外而内的认同路径；既是形而下的应用方法，也是形而上的价值体系。要想打造城市品牌，就要有自己城市的独特性与辨识度。以大连为例，“海蛎子味儿”不也是大连城市品牌体系中的应有元素和人们认识大连的符码之一吗？

其实，国内很多城市的自然资源和文化资源都很丰富，但往往因为定位不当，或者不知道该如何去定位，导致城市在塑造自己的品牌时游移不定，或者一味地模仿他人，结果出来的形象模糊不清。因此，城市品牌定位还必须和它的历史文化与精神气质结合起来，赋予其文化品格和文化内涵。

提起大连我们就会不自觉地想到旅游与足球，可是我们在发展城市旅游产业的时候并没有把足球产业链融入城市品牌建设中去；我们的祖国虽历史悠久，但经历了千城一面的城市建设之后，城市中的文化气息却越来越淡薄,似曾相识的各种建筑放置于东方西方、中国外国都显得缺少历史的底蕴跟文化的滋养,城市中满目的欧美城市风范显然在争夺世界各地旅游者方面很难与其他城市一较高下。

城市品牌对一座城市来说非常重要,它能集聚和发挥城市自身优势,突出城市特色,提高城市的知名度和开放度。而大连构建旅游品牌城市的关键是:整合城市品牌,塑造文化型品牌城市,以及提高城市品牌的知名度和营造良好的投资环境。

城市品牌的塑造并没有绝对的一定之规,像大连近期搞的“发现大连”活动,其实也是塑造城市品牌的一种有效途径。记忆中有一句广告词是:“我爱大连,从未离开。”或许现在的大连早已不是人们初识她时的模样,但只有如此,才能让人们对这座城市的爱在时光中慢慢沉淀,永不磨灭。

(本文作者系中国传媒大学国家广告研究院院长,城市品牌、城市形象研究专家丁俊杰教授)

唐山:还需要补好城市营销课

在当下,“城市形象”“城市品牌”已经成为热词,这个现象说明城市有了基本的形象意识和品牌意识。但与此同时,形象和品牌不是招牌,它们必须与城市的实质和现实的状况密切相关。从城市的功能来说,如果唐山是其他大城市释放能量的一个集散地,你再去打造文创、旅游等品牌就会比较困难;再者,从城市发展的角度来讲,作为临海经济型城市,唐山无法与天津抗衡。因此,找到很好的创意点和突破点是打造唐山城市品牌的当务之急,仅注重于招牌式的宣传是徒劳无功的。

此外,城市品牌在某种程度上和企业品牌是关联的,有什么样的企业就有什么样的城市,有什么样的城市就有什么样的企业,这一点在世界范围内都可以看到。香奈儿是和巴黎联系在一起的,丹麦的小城比隆因为乐高公司以及其建立的乐高主题乐园而闻名于世,诸如此类的例子不胜枚举,唐山也不例外。就唐山而言,对于唐山整个社会经济的发展,开滦集团、唐山钢铁集团等著名企业都做出了巨大的贡献,与这个城市有着你中有我、我中有你的深厚关系。

企业品牌是城市品牌的重要组成部分,跟著名的企业品牌进行合作应该是城市获得影响力的一个重要途径。因此,对于正在进行城市转型的唐山来说,只有引进一些符合自身转型发展方向的著名企业和品牌,借此推动城市转变资源型生产方式,才能走上经济强劲、环境友好的可持续发展道路,进而全面提升城市的新形象。

一、新城市战略下的世园会：营销唐山城市新形象

按照新的发展思路，唐山通过实际行动努力向世人表明自己在转型。最近几年，最能体现唐山转变发展思路的是一项国际盛会——2016 唐山世界园艺博览会（简称“世园会”）。

唐山世园会于 2016 年 4 月 29 日开幕，持续至 10 月份。据说，世园会是唐山乃至河北有史以来承办的规格最高、规模最大、时间最长的一次重大国际性展会。在纪念大地震 40 周年之际，唐山希望借助这一国际盛会，向全世界展示唐山的新形象，并表达自己的城市发展方向：唐山已经踏上向传统发展模式告别的新征程，正在由老工业城市向生态文明城市转型。

一座工业城市能够获得世界级园艺展会的举办权，这本身就证明了其自身具有丰富的解读空间。可以说，世园会承载着这座城市的梦想与追求，这从它的主题“都市与自然 · 凤凰涅槃”便可知一二。按照官方解释，这一主题既代表了唐山震后的浴火重生，也表明了唐山想要实现经济持续发展的决心。除了灾后重建，唐山的产业结构是大钢铁、大煤炭、大石化，产业结构中偏重重工业，如果唐山要实现经济持续发展，其产业必须转型升级，可以说这对唐山来讲就是第二次凤凰涅槃。可见，世园会之于唐山意义重大。

2016 唐山世界园艺博览会的会址特意选了唐山市区的标志性生态工程——南湖生态城。南湖生态城占地五六百公顷，曾是开滦煤矿一百多年来开采形成的采煤沉降区，这里曾经垃圾堆积如山，但经过多年的建设，现已成为集政务、休闲、运动、观光为一体的综合功能区，其规模极其宏大且风景靓丽、时尚前卫。

唐山官方对世园会寄予厚望。《2016 唐山市政府工作报告》中提到要“全面加快以世园会为重点的城市建设，着力在提升城市功能、品位和形象上实现突破”。由此可见，2016 唐山世界园艺博览会是唐山塑造城市形象、进行城市营销的良好契机，也是唐山城市建设、城市经济发展的催化剂。在项目设计之初，唐山官方就希望这一盛会能带动交通、商业、旅游业等第三

产业的发展,推动城市功能的全方位飞跃。

只是,糟糕透顶的空气污染并没有给唐山面子,在环保部的监测报告中,2016 年 6 月唐山的空气质量排名倒数第一,这对唐山努力构建的生态形象产生了不可逆转的负面影响。可能唐山急于向世人展示新形象,而环境治理却是一项长期工程,唐山并没有做好充足的准备。

不管怎么说,从这项活动中,我们可以看到唐山保护环境、修复生态、实现资源型城市转型和可持续发展的决心。

实现唐山“重塑”城市形象的梦想不是一件一蹴而就的事情,唐山新城市形象塑造的过程是城市转型发展与提升的过程。围绕以世园会为代表的城市生态品牌的后续开发,唐山还有大文章可做,而这或许也是唐山消除“负面城市形象”的最佳出口。至于唐山能否抓住世园会等大型活动的举办契机来进行整体城市品牌的打造和营销,只能说成事在人了。关于这一点,笔者在后文还将论及。

二、打造大唐山城市格局

唐山面临的机遇很多,但如何在万般困境和纷繁复杂中闯出一条具有唐山特色的道路,系统地构建和设计城市品牌,完成城市转型,唐山还处于摸索阶段。

此外,在京津冀城市群中,唐山也没有为自己找到鲜明的城市定位。目前来看,唐山与北京走得更近,双方联手打造了“京冀曹妃甸协同发展示范区”。但如何开展深度合作而不仅仅是产业项目尤其是重工业项目的转移?面对竞争对手天津,唐山应当如何形成错位发展?面对廊坊、保定等兄弟城市的“你追我赶”,唐山又该怎样保住自己的地位?这些,都是唐山在打造城市品牌的过程中要面对且必须解决的问题。

在未来的发展中,唐山需要充分挖掘自身的独特性,深入研究京津冀城市群的差异性,明确自身在京津冀协同发展下的城市定位和角色。唐山现管辖 7 个市辖区、5 个县、2 个县级市,整个唐山的人口约为 780 万人。从经济总量和人口规模来看，唐山作为河北第二大城市的地位无人能撼动，唐山也有资格宣称自己是河北最富的城市。那么，在京津冀协同发展的背景下，唐山应该充当何种角色呢？业内有一种观点笔者认为值得讨论：唐山应该摆脱京津冀一体化战略下的“配角城市”意识。

其实，在京津冀城市群中，每一座城市都是主角，国家搭好了台子，这场发展大戏，最终还是要靠自己去唱出彩。也就是说，唐山应该以“主角”的身份，趁势主动出击，挖掘自身优势，创新发展，以大城市的自信，整合资源，加快唐山各区县一盘棋的大发展，构建大唐山格局，培育唐山独特的城市个性，打造唐山特色城市品牌，同时突破京津冀和环渤海的地域局限，将寻求转型和发展的目光投向全国乃至全球，去拓展更广阔的市场。

三、几点建议

在打造“大唐山”城市品牌时，笔者也有几点建议。

第一，就第三产业而言，相较于文创产业，唐山大力发展旅游业会更加游刃有余。这是因为旅游业综合性强、关联性高、拉动性大。从全国范围来看，旅游业对 GDP 的综合贡献率达到了 10%；对城市而言，旅游业是促消费、调结构、惠民生的重要产业。唐山要想成功转型，势必不可轻视旅游业的作用。

综合来看，唐山的旅游资源十分丰富，种类多且层次分明。比如，唐山有清东陵等文化遗产资源，有浅水湾浴场、月陀岛、唐山湾国际旅游岛等海滨旅游资源。此外，唐山还孕育了丰厚的工业文明，工业遗产资源早已与城市融为一体，工业旅游也是唐山旅游的一大特色。但遗憾的是，唐山并没有打造出响亮的旅游品牌，知名度远远不及承德和秦皇岛，唐山留给游客的是一个模糊不清的印象。

令人欣慰的是，唐山旅游资源的挖掘和利用仍具很大的空间，只是唐山的旅游欠缺整体规划发展，欠缺品牌的打造和系统的营销。因此，唐山需要进行旅游品牌的全方位构建，要持续进行“有情感、有温度、有故事”的旅游营销,利用新手段、新方法、新创意去吸引海内外游客。

同时,相关政府部门也应与时俱进,出台相关政策,以积极的态度给予行动上的支持。试举一例,笔者搜索唐山旅游局,百度网页显示的关键词只有“旅游局”三个字,并且该官网页面风格陈旧过时,信息资讯更新缓慢,甚至唐山旅游局的新浪官微也处于停更状态。能够了解唐山旅游的几个官方窗口形同虚设,这些做法显然与大众旅游时代的用户需求和体验不相符。

第二,就人才建设而言,缺乏人才是制约唐山转型的因素之一,唐山需要优化人才培养与引进机制,抓住京津冀协同发展的机遇,吸引更多高层次的人才落户唐山。当前,北京、天津控制城市发展规模和城市人口,而这正是唐山的机遇。

所谓打“京津”牌,并非是借助两地的城市品牌效应,依靠别城的影响力和资源转移来发展自己,而是将这块牌子的影响力化为己用,注入唐山的城市影响力、吸引力和竞争力。留住人才、吸引人才、为人才创造良好的发展环境应该是打“京津”牌的核心要义之一。唐山的城市转型,是由传统产业向先进制造业、现代服务业、现代农业、科技产业拓展,如此庞杂的工程,必然需要强大的人才队伍做支撑。基于此,唐山要及时推出相关的人才优惠政策,提高唐山对人才的吸引力,从而为唐山的城市转型和建设打好人才基础。

第三,唐山要想切实转变政府工作方式,还应加强与市民的互动,倾听百姓的心声,增强居民的城市认同感,提升城市的凝聚力。

以唐山世园会为例,这是唐山 2016 年的一件盛事,唐山冒着可能亏损的风险来办这样一个国际盛会,出发点不可谓不好,但在具体执行过程中与民众的想法和需求产生冲突的现象也十分常见。比如,为推进世园会的顺利举办,唐山推出了对本地人车辆限号的决议,这一决议引起了唐山本地居民的强烈不满,导致他们对世园会产生了排斥态度,因此这个决议很快被取消。后来针对“市民的不积极参与态度”,也为吸引及方便市民游园,在世园会夜场开放近一个月后,相关部门抽调了 160 辆公交车免费接送本地居民夜间游园,同时本地居民夜间游园只需付 10 元购买优惠门票。这一政策的实施明显提升了本地居民对世园会的支持力度。

但不容忽视的是,此项政策虽方便了本地居民,却会使唐山在外地人心中的印象大大减分,因为优惠政策只针对持唐山户籍身份证的本地居民,夜间游园的外地人仍需要购买每张60元的门票,而且持优惠票进园一旦被发现就会被严厉追究个人责任,至于外地人能否享受免费公交车接送的待遇我们不得而知。

在游园优惠政策上严苛区分本地人和外地人,一方面显现出唐山市相关部门的小气、决策的不明智,为了眼前小利而置外地游客的感受于不顾,至少可以说,这不是一座"热情好客"的城市,这不是一座有大气度的城市;另一方面则反映了唐山并未真正领会城市营销推广的精髓。城市形象传播的主角是人,外地游客即便获得了游园的良好体验,唐山留给他们的印象分也已在前期大打折扣了。

第四,城市营销是一项非常专业的工作,是一个系统工程,是在市场经济条件下,经营与运作城市的一种手段,而不是传统计划经济时代自上而下的宣传活动,这是相关城市管理者需要关注的问题。

从以上几点来看,唐山的城市营销工作还有很大的改进空间。

一名唐山本地人认为,当年某个时段,唐山人的基本状态就是"怨声载道"。此说虽然夸张,但在一定程度上却折射出了市民的焦虑心态。

城市居民是城市形象最主要的塑造者和传播者。城市的建设发展、城市形象的塑造、城市的推广需要全民(不分本地人和外地人)的参与和互动,需要调动居民的积极性和创造性。显然,仅从世园会一例来看,唐山相关部门的城市营销做得并不到位,仍然停留在"自我陶醉"的官方宣传梦境中。

因为大地震、钢铁和煤炭,唐山注定是一座不平凡的城市。一名知乎网友说道:"作为一个土生土长、操着唐山土话的本地人,谁不希望提到唐山时,人们想起的不仅仅是地震、钢铁、雾霾。"是的,每一个唐山人都该问问了,除了地震、钢铁、煤炭、雾霾,唐山还给世人留下了什么印象。

(本文作者系中国传媒大学国家广告研究院院长,城市品牌、城市形象研究专家丁俊杰教授)

篇八

我们的空间与空间媒体

作为一个全新的概念,“空间媒体”缘起于大理的凤羽镇。我和《新周刊》的创始人、前执行总编封新城在聊天时,碰撞出了这样一个概念。大家都知道封新城和凤羽镇的关系,他曾经说离开《新周刊》之后,自己成了一个“编辑”大地的农民。所以,对于空间本身、空间的传播价值和文化价值,封新城都有很多思考,也为“空间媒体”这个概念的提出带来了相当的启发。

当年,福柯在《不同空间的正文与上下文》中说:“我们时代的焦虑与空间有着根本的关系,比之与时间的关系更甚。今天,遮挡我们视线以致辨识不清诸种结果的,是空间而不是时间;表现最能发人深思而诡谲多变的理论世界的,是地理学的创造,而不是历史的创造。”①足见空间本身有多么重要。“万物皆媒”已成现实,这就意味着物体可以媒介化,空间媒体的出现已经成为一种必然现象。

但是“万物皆媒”落在不同的“物”上是不是一样的“媒”,并没有人给出答案。所以当想要探讨空间如何成为媒体,和其他媒体相比具有哪些特质,其底层逻辑是什么,未来的发展趋势是什么的时候,我很欣慰地注意到了一种现象,并试图寻找该现象背后的规律,这给学界和业界都提供了一种思考和方向。

传统的大众传播媒体、社交媒体其实都可以归为一种“时间媒体”,它们和户外媒体、空间媒体存在着不同的讯息传播维度,也正是这种差异化的讯

① 福柯.不同空间的正文与上下文//包亚明.后现代性与地理学的政治[M].上海:上海教育出版社,2001:18-28.

息传播维度，才使得空间媒体建立起了一种特定的话语体系。

与强调介质属性的媒体概念相比，空间媒体更强调话语是传播的力量和途径。作为话语体系的空间媒体，是由一定的概念、范畴、命题构成的有机系统。它不仅传播问题，它还可以通过实体空间与抽象概念的融合，达到反映社会运动和社会关系，并由此传播主体想表达的意愿的目的，如事实、思维方式、立场、价值观念、利益诉求等。这里突出的是传播主体可以借用合适的空间，将自身的立场、智慧、价值、利益进行有效的传播与表达。

空间媒体不仅是客观事物的存在状态，也是在互联时代与社会联结的枢纽，是一个复杂多元的体系。学校、美术馆、博物馆、书店、建筑（如独立建筑、建筑群落、园区、社区等）、村庄、城市，都可以成为空间媒体。这些案例本身确实是比较典型的，或者说符合我们对空间媒体概念界定的空间实体，它们虽然有大有小，有不同的主题或类型，但确实也隐含着相同点。我认为，空间就是一种容器，容器本身和容器里所装的内容，可以构成独一无二的意义世界。历史、文脉、意义、价值、立场等可以赋予空间场的效应。所以，空间媒体是意义媒体，是符号媒体，也是价值媒体。

空间媒体的存在理由，源自空间的本质、空间的气象、空间的意蕴、空间的境界、空间的情绪、空间的格局。对于许多人、许多机构、许多事件来说，特定空间媒体是其非常重要的意义世界。比如，同一场发布会，在先锋书店举办和在超级文和友举办，就会被赋予不同的意义，吸引不同的人群，产生不同的传播涟漪。

空间媒体发挥传播功能的过程，对很多人来说可能只是一种旅游传播，是一个建设旅游品牌的过程。而我认为，空间媒体的传播主体，实际上是一种“合体”，是空间的主人与借助空间发布（或表达）者的合体，二者不是“临时夫妻”，而是高度契合的合体。互联网的高度发达，虽然降低了传播的门槛，扩大了传播的矩阵，形成了一个人人传播的格局，但是传播内容反而变成了“易碎品”。因此网友们说“互联网是有记忆的”，讽刺的恰恰是一种传播中内容不断被遗忘的现象。而空间媒体能给传播内容带来更多积淀的可能和机会。这是在今天的特殊媒介环境中，空间媒体的巨大价值。

对于今天的人们来说，能够“玩转”互联网媒体不是一件简单的事情，因此如何运营一个立体化的媒体形态，也值得人们深思。我认为空间媒体不仅是一种传播方式，也是一种叙事方式，空间媒体就是叙事的世界。空间、传播、话语等诸元素，共同构成具有观点、立场、氛围的丰富内容的话语共同体。

从叙事的角度来说，空间媒体会有三种模式：第一种是“场景+情节”叙事模式；第二种是“场景+事实”叙事模式；第三种是“场景+观点（立场）”叙事模式。我们可以在一个个具象的空间里向人们“讲故事”，吸引他们前来体验，鼓励他们对外传播；作为一种媒体，我们的叙事中必然会带有价值观，会带有导向，并且试图用我们的观点和立场去说服体验者。这是我所认为的空间媒体的传播模式建构方式。这个叙事模式建构好了，空间媒体就具有了“出圈”的能力。

（本文作者系中国传媒大学国家广告研究院院长，城市品牌、城市形象研究专家丁俊杰教授）

篇九

大咖对话:乡村美学与文旅实践

2020年11月21日上午,作为2020第五届博鳌旅游传播论坛活动之一的"乡创·乡建之美丽乡村沙龙——文旅大咖体验与人文对话"在博鳌南强村举行,来自国内众多文旅领域的领军人物聚首博鳌,展开了一场与美丽乡村有关的强强对话。

本文根据千宿文旅董事长、《新周刊》杂志创办人封新城,美国艺术与科学院士、北京大学景观设计学研究院院长俞孔坚,中国传媒大学教授丁俊杰,中国传媒大学文化产业管理学院书记、文化发展研究院副院长卜希霆四位文旅大咖的现场对话整理而成,以飨诸君。

卜希霆:今天这个话题特别好,"乡村美学和文旅探索",我们很荣幸沿着这样一条研究路线走进了乡村。第五届博鳌旅游传播论坛有一个大的Slogan,叫"无界"和"重构",今天我们把这个会场选在乡村里也是一种"无界"的表现,意在消除边界。希望我们所探讨的主题不只局限在研究的范畴里,而是能够更多地同美丽乡村与文旅形成一个真正的对话。

今天所探讨的主题是美丽乡村和文旅,我们请到的三位老师虽然都与城市密不可分,但同时也与乡村有着不解的情缘。下面我想依次请三位老师谈一谈,曾经人们仿效陶渊明"去国还乡",即离开故土思乡心切,所以像陶渊明一样回到家园重返自然,找到"归田园居"的感觉。但是为什么在今天城市越来越漂亮、越来越美丽的时候,我们还是会有"去国还乡"的想法呢?

封新城:重视乡村的建设背后反映着一个现实,即城市生活的千篇一律及对人们的挤压,使得人们的生活质量大大下降。

2012 年,我带着《新周刊》杂志社全体员工去台湾做了一期叫《台湾最美的风景是人》的专题。在那期专题中,我在宜兰第一次住进了民宿,那间民宿是一个建筑师的获奖作品,十分具有艺术美。也就是那天晚上,我在院子里感受着风和蝉鸣,完全地贴合自然,忘记了一切由城市的喧杂带来的烦扰的时候,就有了"做乡村"的念头。后来我在凤羽迈出了第一步,我们在凤羽做了很多事情,除了结合当地的文化与风俗以外,也做了许多艺术,并将在台湾地区和日本学到的物产理念带进凤羽,形成了很多物产系列,比如网红水稻以及其他高端的文旅产品。在《新周刊》中,我将凤羽描述为"田园地球的头等舱",与之对应的城市生活就如同廉价航空和经济舱,其用意就在于表达廉价航空与经济舱已经不能够满足人们的精神需求,最终会有越来越多的人涌向头等舱,"去国还乡""归田园居"已经成为一种趋势。

卜希霆:感谢封老师,我们常说封老师是一位预言家,在此之前已经成功地做出了"电视的淘汰""漂一代"等预言。同时封老师也挖掘了许多中国人对未来生活的尝试与设想,并且通过《新周刊》引导和引领了中国人的美学生活方式。

正所谓"英雄所见略同",俞孔坚老师在很长时间里也在注重引导城市的生态更新,城市的规划和建设,尤其是注重城市景观跟城市的生态和谐。他也像封老师一样在探讨生活的方式,并提出了一个"望山生活"的理念。下面我们也请俞孔坚老师给我们分享一下什么叫"望山生活"。

俞孔坚:"望山生活"理念的提出,是基于全世界都在进行逆城市化、乡村运动的背景。"望山生活"是一种新的生活,主要体现为对自然的关爱,对文化遗产的深度解读,在这个基础上实现人们对美好生活向往的愿望。这个向往来自城市,但又实现了"绿水青山就是金山银山"的目标;绿水青山扎根乡村,就实现了转移支付。我们要探索乡村振兴,就要探索消费模式,让资金在城市与乡村之间产生良性的互动,使城市与乡村实现合作共赢,这就是"望山生活"正在做的事情。

卜希霆:两位先生都属于知识分子,以个人情怀、人文追求对乡村进行重构的同时其实也有很多非常有价值的思考。下面有请丁教授跟我们分享一下他的看法。

丁俊杰:中国作为一个农业大国,乡村是支持其发展的核心,而眼下中国面临的最大问题是“乡村的破坏,城市的变态”。“城市的变态”是指城市对人的异化,而解决“乡村的破坏”则是改造新农村,即将现代文明移植到农村中,为农村注射新的生命力,实现农村自信乃至中国自信。所以我对新农村,包括新旅游的理解就是:知识的学习、文明的向往、文化的认同。

卜希霆:乡村美学,它不仅仅是一个修旧如旧的美学,也不是对建筑的简单翻新,其中也蕴含着理念的摩擦与碰撞,如艺术家的浪漫和农民的现实之间的矛盾。因此,我们应当如何处理美学现状与当地村民理念的不同呢?

封新城:解决理念差异的前提是理解与信任,而获得理解和信任的前提则是让大家得到确切的实惠,同时也要学会同聪明的人、志同道合的人打交道。相比之下,与规划明确、握有丰富资源的企业、投资人、管理公司以及政府达成共识,要比跟不在一个话语体系里的村民交流更加重要。同时自身也要专业素质过强,这样才能够吸引别人愿意与你共事。

俞孔坚:我认为乡村美学就是回到大地、回归寻常,即摒弃一切时代所赋予的畸形审美。我们要清楚,乡村不全是承载浪漫主义的桃花源,在这里更多的是人间疾苦,是贫穷、文化水平落后、物质条件的不满足等。因此,改变乡村的根本是提升村民的生活质量。如何完美地将诗情画意、风花雪月与柴米油盐、布帛菽粟结合起来,才是乡村美学所面临的最大的挑战。

卜希霆:封老师和俞老师都探讨了如何用美重建乡村的文化,也向我们揭示了新乡村的建设中确实存在着很多困难。而除了两位老师所提到的,农村劳动力短缺也是一个不容小觑的问题,很多青壮年都进城谋生,徒留女人、老人和孩子守在村庄,在这种环境中农村的发展势必停滞不前。此外,理念的差异确实是一个棘手的问题,让一个目不识丁的村民在一夜之间就能理解、接受何为美学并将其付诸实践确实是天方夜谭，所以需要我们经年累月地引导，依靠各种各样的力量去推动。那我也想问问丁教授，您觉得在乡村再造和乡村美学的过程之中，要如何通过审美的提升、品牌的提升来进行乡村的再造呢？

丁俊杰：提起乡村美学，我脑子里浮现出一个词叫“生长”。乡村与城市最大的区别是农业经济跟工业经济的区别，工业经济最大的特点是流水化、标准化、批量性设计，最终呈现的都是模块化、标准化的作品。而乡村不同，它是一种不规则的美，是天性使然、自由生长、不可复制的，所以我认为乡村的美应该是因地制宜、因势而建的。

从旅游的角度来看，乡村是旅游生活中良性循环的一个节点，乡村生活是平凡生活中的奢侈阶段，也是日常生活中的一种异地生活方式，即你能够在这段旅程中得到完全的满足和释放，旅行结束后仍对其念念不忘，并产生新的憧憬。所以我认为乡村旅游一定要摒弃“无差别”，很多地方打出“宾至如归”的口号来吸引客源。能为游客带来“宾至如归”的舒适、愉悦固然十分重要，但更重要的是能否为游客带来新的刺激、新的体验和前所未有的感官享受，否则这段旅程就是毫无意义的，并且是失败的。

卜希霆：几年前有一封辞职信风靡全网，叫“世界那么大，我想去看看”。短短的一句话却道出了无数人的心声。很多生活在城市中的人包括我们自己，其实都有着同样的焦虑，即面对川流不息的车水马龙、鳞次栉比的钢筋水泥产生的压抑感和窒息感，而乡村则是消解这种压抑感和窒息感的最好去处。

现在很多城市都在打造有别于家庭和工作场景之外的第三空间，为的就是在沉闷的生活和繁重的工作以外，给人们提供一个自由呼吸的空间。正如丁教授所说，乡村也一定是这样的一个第三空间。但我们并非要久居在第三空间里，毕竟我们的生活与工作还需要正常的运作，它只是能让我们的心灵得到舒缓的加油站。所以接下来我也想请教三位老师，对于乡村和旅游融合的层面还有一些什么样的期待呢？

封新城：在21年前，我们出了一个专题叫《找个地方躲起来》，而这个专题其实放在今天来做也有很多能够挖掘的内容，换句话来讲，它预言了今天。今天的城市就像一个无形的枷锁，我们之前使用了很多例如"车水马龙""钢筋水泥"这样冰冷的词语，其实这就是我们生活环境的现状，冰冷的、疏远的、缺乏人情味的。于是大家都想逃离，摆脱手机，摆脱电脑，摆脱格子间，摆脱写字楼，摆脱早九晚五的工作，摆脱这样机械麻木的生活，就想找一个地方躲起来，而这个地方就是乡村，而这种逃离的本质，其实就是对生活方式的一种改变。

其次，近年来"沉浸式体验"风头正猛，比如沉浸式剧本杀、沉浸式密室、沉浸式表演，这些都是尽其所能地还原场景给人以身临其境的新奇体验，但相比这些娱乐游戏，乡村才是真正的沉浸式。乡村拥有的一切都是得天独厚、自生自长的，比如凤羽。所谓"凤毂于此，百鸟集吊，羽化而成"，凤羽常年平均气温16℃，处于丽江和大理之间，又是洱海的源头，拥有丰富的自然景观和人文资源，这是其他地方都没有的，是完全浑然天成的。因此，在开发凤羽的时候，我一直秉持着一个明确的底线，就是不能用任何外来的东西侵蚀它，所以我拒绝一切开发商。

但是，在保留凤羽原始风情的同时，我也在努力地将它变成一个富有价值的产品，并且取得了初步的成就，比如我所在的村子现已被归为全国乡村旅游试点。我所坚持的理念，也曾在《新周刊》上提过，即"软乡村""融艺术"，前者指的是我们和乡村的关系，后者指的是乡村和艺术的关系。如何处理乡村、艺术和人类的关系，这也是值得大家思考的一个问题。所幸我们已经有了一个明确的思路，即"慢生活"。只有当节奏慢了下来，我们才能够真正地享受生活。

近两年，疫情和国际的巨大变化使我们国家提出了以"内循环"为主体的新发展格局，第一个提出的就是乡村旅游，可以说乡村在某种程度上就是旅游中的一个产品，而这个产品无论是更有内涵还是更具情怀，其最终形成的价值就是提供给人们的新的生活方式。

卜希霆：感谢封老爷的分享，封老爷刚刚提到要将乡村做成产品，无独有偶的是俞孔坚老师也做了相同的事情。那么接下来我们有请俞孔坚老师分享一下他的文旅产品——“望山生活”。

俞孔坚：我非常同意“旅游是一种生活方式”的说法。丁教授讲了中华上下五千年的文明积淀，每一寸土地都有含义。而今天，旅游在中国已经从简单的观光走向了新的生活体验。为了顺应这种趋势，甚至引领这种趋势，我们成立了一个“望山联盟”，所做的事情就是集结一些志同道合的人去感受新的生活，探索新的文化。比如吃以前不曾吃过的食物，住各种远离常规生活的房屋。

此外，针对未来的乡村旅游，我们提出了一个口号，叫“教育即生活”，乡村旅游将是中国教育的一个大学。我认为真正的大学应该在乡下，在乡下你可以学到文化，亲近自然，体验农作，感悟生存，这些都是课本上所没有的，所以学习将成为旅游的核心产品。“望山联盟”就正在做这样的事情，比如我们可以去秦岭研究植物，去大理探索白药、白族文化，在旅行中生活，在生活中学习。

卜希霆：可以说，无论是凤羽还是“望山”，经过两位老师的全心打造，现在都成了旅游传播领域里的网红产品，形成了独具价值的文旅 IP。我相信在全体旅游人的不懈努力下，在不久的将来，像“望山 IP”和“凤羽 IP”这样别具一格并且有所成就的文旅产品一定会越来越多。那么最后就有请旅游传播论坛主办单位的代表丁俊杰教授为我们大家做一个总结。

丁俊杰：可以说，乡村和旅游的话题在旅游界一直被津津乐道，所以，我想先对这个话题进行一个梳理。

从乡村的概念来讲，乡村旅游离不开“二老”。第一个“老”是“老天爷”，即自然风光，宋代诗人杨万里说“毕竟西湖六月中，风光不与四时同”。一个小小的西湖，一年四季的风景都各有特色，更遑论在我们幅员辽阔的疆土上，既有婉约秀丽的江南水乡，也有萧瑟粗犷的边塞风光；既有雍和雅正的中原文化，更有妩媚妖娆的异域风情。这些都是大自然的慷慨馈赠。不同的区域有不同的特色,不同水土就能有不同的生活。因此,感受不同的生活方式,是乡村旅游的一个基本。

第二个"老"就是老祖宗。前面已经提到,中华上下五千年的文明积淀,每一寸土地都有含义,每一个地方都有自己的风土人情和文化传承。比如之前,我们去过南强村,相比南强的风景,我更感兴趣的是这里的人文。我脑子里涌现了无数问题,比如这十九户人家、一百多口人是在什么时候、什么样的机缘下住进来的?他们的族谱如何排序?他们莫家的祖训是什么?家规是什么?当下很多年轻人可能会觉得这种问题十分枯燥无聊,但是我想表达的是,在这些看似无聊的问题背后是我们文化的传承,是我们民族文化的根基,也是我们民族文化自信的支撑,是不容也不可被忽视的。所以乡村旅游还有一个重要的功能,就是传播文化。

最后,从总体来看,所谓的旅游就是以时间和空间为坐标,重新整合你已经习惯的生活方式,也就是说把时间因素、空间因素和生活方式重新做一个梳理。可能这是非专业的一种解读,但这是我个人对旅游的一种认知和理解。谢谢。

卜希霆:谢谢丁教授,2020 年就如习总书记所说,遇到了百年未遇之大变局。在今年(2020),年初的武汉和年底的博鳌,都是大家关注的地方。最近一段时间博鳌成了我朋友圈里的热点内容,很多人不是在博鳌就是在飞往博鳌的路上。能不能说这一现象其实表明了大家已经把旅游作为了我们未来经济转型的下半场实践。在这种趋势下,对我们旅游人而言,乡村正是我们未来所冀望的高质量旅游休闲的好空间和好场景。

最后,在今天的对话中,我受益匪浅,同时也总结出了"四个见":第一是要让乡村"被看见",只有得到更多被挖掘的机会,才有持续发展的可能;第二是要让游客"喜闻乐见",即充分挖掘乡村的美,为游客带来美好的、前所未有的新体验;第三是"回到家里还想见";最后一个就如俞孔坚老师所说的,"望山"还要能够望远,要对未来有所冀望,对未来有所"预见"。

谢谢在场的嘉宾,也感谢大家的聆听。

辑二
城市形象与旅游传播

城市形象与旅游需要一次完美相遇

篇一

旅游传播的全球价值

马克思曾云:“一切坚固的东西都烟消云散了,一切神圣的东西都将被亵渎了。”①这是指,人类社会发展到后工业化、后现代和全球化时代后,一切原本坚固、神圣的中心都将泯灭,即“事物破碎了,中心不复存在”。

而今天的我们,恰好处在马克思所预言的“人类发展高潮”的阶段,在这一阶段,互联网颠覆性地引发了“去中心化革命”,彻底改变了人类长期坚守的生活方式,使得空间距离和时间距离都大幅缩短,人类似乎生存在一个日渐缩小、时空错位的逼仄地球上,同时人与人的内心情感,也在无处不在的“科技替代品”的陪伴中,日渐疏远。

在一波又一波科技革命推动着社会进步,人们在一百年时间内创造的财富远胜于之前数千年财富总和的今天,现代人似乎出现了“消化不良”的“病症”,其生存状态和精神状况远没有每一项科技革新者预想的那样安逸和幸福。在此情形中,我们不得不冷静地直面我们生活的真实状况和相互关系,即现代性的暧昧纠结——确定与徘徊、进步与怀旧、轻快与沉重、执信与犹疑、守望与空幻、爱恋与怨恨……正如窦唯歌中所唱,我们活得像个“高级动物”。

“一切坚固的东西都烟消云散了!”这句话之所以能够成为名言,要归结

① 伯曼.一切坚固的东西都烟消云散了:现代性体验[M].徐大建,张辑,译.北京:商务印书馆,2013:23.

于马歇尔·伯曼所写的同名书籍《一切坚固的东西都烟消云散了:现代性体验》。马歇尔·伯曼认为,那些现代社会里的男男女女,努力在不断变化的现代社会寻找家的归属感。在期望不断改变自己的同时,也希望世界会变得更好;在追寻自由和爱的同时,希望克服惶恐和孤独;在持续挣扎的同时,坚持着爱——坚持着坚持的爱。

这段话略显沉重,但有助于我们理解当今旅游业发展为什么如此火爆。正是因为“坚固的生活中心”烟消云散了,人们越来越渴望“短暂逃离”固有的生活、工作和交际圈,去外面的世界看看,在陌生的地方、陌生的人群、陌生的文化中寻求一种新的价值认同和情感归属,以“拒绝平庸的恶”。

也正是因为“坚固的距离”被便捷的交通摧毁了,“坚固的时间”被空闲的无聊冲抵了,“坚固的信息垄断”被互联网撕裂成碎片了,“坚固的物质束缚”被见异思迁的人性突破了,才有了人类发展史上最大规模的人口自由流动——以旅行的方式,人类发展史上最大体量的财富流通——以旅游消费的方式,人类历史上最广范围的生活交换——以跨国跨洲跨文化跨时空的方式,人类历史上最文明的国际合作——以旅游合作的方式,人类历史上最综合性的传播媒介——以旅游体验的方式……物质充盈之后的人们,随时都在准备出发,有些人甚至一直生活在路上,乐于做一个达摩流浪者,在异国他乡寻找理想的精神家园。

简言之,当一切“中心”都不复存在,而在路上的旅游者又需要有明确指向的“精神家园”时,旅游目的地的营销就面临了新的挑战——过去单一的产品供给已不再能满足众口难调的消费者;过去单一的信息“推送”,已不再能覆盖信息获取方式多元的受众;过去单一的形象传播,也已不再能满足探知者对形象背后细枝末节的求真求知。

于是,由互联网“去中心化革命”带来的整合传播便成为旅游营销的理想途径——人人都是信息生产者,人人都是信息共享者,只需一个能够调动起大众兴趣的创意,旅游目的地就可以“招蜂引蝶”,采遍繁花自成蜜,以多元产出供给满足多元需求获取。

何为“产品”?三口共需者即可“产”;何为“品牌”?三口共赞者即为

“牌”。对于具有先天性开放和共享特质的旅游而言,它只有在整合传播交互式的创造与共享中,才能让产品更优,才能让品牌更响,这就是旅游整合传播的魅力和价值所在。

不明其道,难施其技,这也是入选“中国旅游传播整合营销案例”之优秀案例的共有特质。纵观这些优秀案例,它们都具有三大特点:

第一,“去行政中心化”,在保留政府主导整合营销的同时,在创意创新的尺度、执行和传播效果等方面突破了行政语境的宏大叙事,以市场语境营造市场氛围,尊重市场特征,谙熟传播规律,信奉专业力量,让专业的团队办专业的事,以创意引爆聚焦市场。

第二,“去要素中心化”,即在传播要素的选择上摒弃了以“高大全”推广目的地标志性景观的老套路,转向了对目的地城市局部特色要素甚至细节特色要素的挖掘、梳理和传播,比如美食、民宿、文创、乡村等,或以空气优质、环境静谧为创意核心,注重目的地的生活态和体验性。

第三,“去媒介中心化”,即在传媒内容和传媒载体上,突破了传统的内容创造和所谓的权威性媒介,转向多维度创作、多形式呈现和全媒介交互式的立体化、精准化传播。

这些优秀案例的多重探索,不仅使自己从一众庸常的文旅品牌中脱颖而出,也为旅游传播积累了经验,有助于中国旅游目的地的精准、高效、集约式整合营销。

当一切“中心”都烟消云散,也意味着如今的我们已经生活在一个日益开放的世界体系和全球语境中。一只蝴蝶在大洋的彼岸扇动了翅膀,极有可能在世界的另一端引发一场海啸。同理,任何一个地方的价值传播,都有可能进入世界语系,吸引任何地方“潜在者”的关注和探知欲。

同时,旅游是体验真、分享善、传播美的综合性媒介,这就要求,任何旅游目的地的营销推广,都要以世界视野和创意为参考,展示本土特色和魅力。换言之,旅游的价值不应仅局限于满足人们的出行娱乐,更在于推动地方价值的全球传播!

因此,"旅游传播全球价值"应该是未来旅游传播整合营销的创意源泉和目标导向。在此等目标与导向下,我们将努力以旅游传播引领全球价值的互通与共享,以创新整合传播指引每个在路上的人找到理想的精神家园,让身心有处,诗意栖居!

(本文作者孙小荣系中国旅游改革发展咨询委员会委员,资深策划人)

预见2019:旅游传播十大趋势

有人说,即将过去的2018年是艰难的一年,经济下行,凛冬已至。也有人说,2018文旅融合,诗与远方走到一起,春光正好,机遇无限。这一年里,现象级热词频生,如“中华锦鲤”“区块链”“白月光”“诗与远方”“眼神确认”“旅行青蛙”等。其中更是不乏能够引发旅游传播深度思考的关键词,比如“无人”“未来已来”宣告了智能技术全面进入我们生活的“无人”,王思聪的“热狗”体现了内容在流量中发生裂变的传播效应,“新文创”表明了以IP构建为核心的新的文化生产方式,以现代化的方式阐释中国传统文化的决心,“诗与远方”则为文化与旅游产业的发展提供了无限的想象空间和可能性。

这些年度热词,无论是体现技术为内容赋能、网生内容的裂变,还是进行传统文化内容的现代化表达,其阐述的核心均是内容,而我们所谈论的趋势,正是基于新内容革命下文旅融合的传播逻辑。

文旅融合不仅仅是一种战略上的融合和整合,更能引发新的内容革命。旅游的内容因为文化的介入,其生产、分发、消费模式都将被颠覆;而文化的内容因为旅游的介入,也将在传播的过程中创造独特的场景价值和流量经济。

趋势一:小屏幕+移动场景+社交,内容营销的进一步去中心化

在走马观花的快餐时代,想要抓住用户的眼球,创作者紧跟潮流,以精简凝练的形式承载丰富多彩的内容,已然成为一种趋势。

观看或关掉一个视频,用户只给你3秒钟的时间。但是一个出色的短视频所创造出来的价值却是不可预估的。为迎接 2018 年博物馆日，国家博物馆携手六大博物馆（湖南省博物馆、南京博物院、陕西历史博物馆、浙江省博物馆、山西博物院和广东省博物馆）共同打造了一支短视频。该视频时长虽然仅有 1 分 52 秒，但一经推出便成为朋友圈刷屏的爆款，只用了 4 天时间，就创造了超1.18亿的总播放量。该数据不仅是大英博物馆 2016 年全年参观人次的 184 倍，使中国国家博物馆的粉丝量增至 25.4 万，该事件还同时获得了联合国教科文组织、《人民日报》、共青团中央等主流媒体的报道。

同年，旅行青蛙作为一款社交游戏也成了千万用户的心头好。在游戏中，与蛙儿子的每一次互动仅需要花费用户半分钟的时间。该游戏成为爆款的现象，直观地反映了用户典型的从碎片化到碎末化的应用，也呈现出碎末化应用的三个基本特征，即依附于碎片应用的空隙、应用单次占用的时间短、超级简洁（不考虑语言障碍）。

基于此，2019 年，以简约为主的小视频、小应用会成为旅游传播、城市传播的主力军。

趋势二：在地—在场—在线，传播就是生产力

旅游传播的变化从在地到在场到在线。在地，是实地感受后的传播；在场，是实景体验式的传播；在线，是因大流量所引发的裂变式传播。巧妙应用融合这三者，便会让旅游传播产生巨大的生产力。

在抖音上火起来的网红打卡胜地——西安永兴坊，成为 2018 年度的旅游爆点。但在此之前，它一直不为游客所知，直到摔碗酒的小视频在抖音上火了之后，游客顿时爆满。小视频大幅提升了永兴坊的经济收入。由此可见，在传播过程中将流量转化为经济是切实可行的，传播就是生产力。

同时，与一夜爆红共同而来的是大量吐槽，如稻城亚丁的如厕难问题成了每个旅游者的吐槽点，这也意味着在能够接收到该传播信息的用户中，必然会有人持犹疑态度，拒稻城亚丁于千里之外。这也让我们意识到，在旅游传播工作中品牌的声誉管理问题不容小觑。

趋势三:通过在地文化 IP 活化构建内容生产的核心与 IP 价值增值体系

启动文化 IP 的顶层设计是破题的关键,为此中国传媒大学广告学院旅游传播研究中心研发了一个 CDC 的文化 IP 开发体系:

C-Culture:文化——文化是 IP 的底蕴,文化 IP 就是挖掘并重新整合故事,为其找到现代化表达方式等,完成“故事线的重组”。

D-Design:设计——设计与文化 IP 相关联的视觉体系,含有形象和衍生品的设计系统可以在消费群体中形成良好的感官体验。

C-Communication:传播——传播主要包括跨界传播、流量传播、IP 传播、社群粉丝打造等。IP 的运营传播与 IP 开发同等重要,其核心在于增强粉丝对 IP 的认可度和好感。

CDC 的各部分并非是孤立的,这三个层面与 IP 的顶层设计息息相关,并且它们之间也可以相互转化、形成联动,从而实现 IP 的良性运营。

以日本香川县的乌冬面小镇为例,来自香川县的赞岐乌冬被誉为日本乌冬面界的“乌冬之首”,香川县人对乌冬面 IP 进行了充分的开发,并采用了全面有效的传播手段。比如香川县机场运输行李的传送带首先送出的是一碗乌冬面;机场饮水机里盛装的也是美味的乌冬汤汁;专为游客提供的全县 Free Wi-fi 服务的标识也是乌冬面;香川县的出租车车身和车顶上也印着乌冬面的标志,甚至连冰激凌的造型也是乌冬面,诸如此类,不胜枚举。

这样的营销方式不仅吸引了大批游客前往香川县品尝乌冬面、感受乌冬面文化,提高了游客的满意度和体验度,还成功地打造了香川乌冬面的整个 IP:只要一提起乌冬面,人们必然会想起日本香川县。可以说,这个小镇将乌冬面文化 IP 开发到了极致。

趋势四:优质内容依然是传播的核心

优质内容能够引起用户的共鸣,而创意与走心则是优质内容必不可少的两个品质:创意是吸引用户的核心竞争力,走心则是获得用户认可的唯一途径。

人民日报社新媒体中心在北京三里屯设立的一个文化快闪店——时光博物馆，是2018年度最具代表性的创意内容之一，它以40年来国人衣食住行的变迁为主线，挖掘大时代下的小故事，记录平凡人的不平凡，以具象化的形式展示了改革开放给人民生活带来的深切变化，使得文化记忆成了可触摸、可感知、可体验的实体。在短短5天的展览时间内，以大背景、小视角的创新立意掀起了改革开放40年来国人生活变迁的回忆狂潮，上演了最强的回忆杀。

趋势五：景城融合的人文浸润式传播

城市本身就是一个巨大的文化体验空间、文化认知空间、文化践行空间，其中最核心的是围绕城市文化IP的开发与人文浸润式传播。作为将城市和文旅作为重要研究对象的智库机构，中国传媒大学广告学院旅游传播研究中心对于文旅融合的洞察，其中一个很重要的维度就是景城融合。

相较于国内其他城市的文化，成都的城市文化是一种人文浸润式文化。2018年年初，中国传媒大学丁俊杰教授团队受成都市委宣传部委托，围绕成都开展天府文化的顶层设计。研究构架宏大但内容细微，特别是在景城融合部分，研究团队提出了一个构建点、线、面的场景浸润式城市文化传播立体结构。换言之，就是将消费场景视为遍布城市空间的点，用流动的交通工具形成无数承载流量的线，城乡则是连通城市与乡村、形成双向互动的面。这意味着交通工具、消费场景、城乡结合面都可以成为传播渠道、传播界面。在这个结构下，整个城市变成了一个巨大的文化体验空间、认知空间和践行空间。

在此创意的启发下，成都推出了"书香号地铁"，这一实验性的举措是将交通工具视为传播渠道和内容界面，将阅读文化融入地铁，传递书香。这一做法不仅使得逼仄封闭的空间承载了天府的文化内涵，同时又为成都打造了一张靓丽的文化新名片。

可以说，成都一直就是城市营销做得特别出色的城市，而人文浸润式传播则会让成都再一次在城市传播方面走在全国城市的前列。以文化传播城市，以文化承载城市，以文化滋养城市，成都，将带给我们更多的期望与可能。

趋势六:科技为旅游传播赋能,创造互动+消费+场景的沉浸式体验营销

使用科技手段,将虚拟娱乐和现实连接在一起是一件不算新颖却总能出新的事情。例如把线上 IP,包括电影、戏剧、游戏转化为线下可体验的沉浸式场景,包括互动的电影、沉浸式戏剧、主题乐园的虚拟互动娱乐以及 IP 衍生产品等。线上 IP 到线下的转化,不仅能够疗愈人们的“电子失恋症”,还将获取人们的认同,刺激他们的购买欲望,进而产生消费,最大化地实现 IP 的活化与增值。

此外,当我们谈到线上 IP 的跨界转化时,更多想到的是迪士尼、环球影城,可以说在国际 IP 的战队里面目前还没有中国队。因而,在文旅融合日渐关注文化 IP 巨大价值的当下,那些致力于将具有中国特色的线上 IP 于线下转化的顶层设计、市场开发及营销传播,能够把线上 IP 转化为线下互动体验的专业团队和机构,都将在 2019 年有很好的市场前景。

趋势七:跨界合作让旅游拥有无限可能

当今,单一的旅游模式已经无法满足人们多元的精神需求,跨界合作是促进旅游、拉动经济增长的必由之路。此前为促进法国旅游业,时尚品牌香奈儿于巴黎举办了时装秀,并在邀请函内附上了巴黎的旅游指南。不仅如此,香奈儿还与巴黎市政府携手,资助预计规模为 570 万欧元的时尚博物馆的建设,以帮助振兴巴黎旅游产业的博物馆文化。

此外,快消品牌喜茶与澳洲政府机构及活动推广局合作的“灵感之旅”也为旅游的跨界合作做出了表率,这是喜茶首次与澳洲政府机构进行深度合作,也是喜茶在以往跨界形式的基础上,第一次尝试号召消费者一起旅行。在该活动中,每一位灵感旅行团的团员都能感受到大堡礁的独特魅力,在旅途中回归自我,去探险,去找寻生活灵感。对于跨界合作的双方而言,这也能使双方明确品牌态度。通过旅行的方式,喜茶给消费者提供了探索世界、体验生活的可能性,增强了用户黏性和好感度。

趋势八：传播是要找到城市和人的情感解码器

如何成功地进行城市传播、旅游传播，最重要的是要找到城市和人之间的情感解码器。比如电影《凌晨四点的上海》，创作者从 100 万个真实故事中精挑细选了 3 个发生在便利店、夜间出租车和馄饨摊的故事，既透露出了都市烟火气，又展现了上海温暖又善意的一面，引发了大众的广泛好评。2018 年 5 月 29 日播出后，该电影开启了刷屏模式，24 小时全网视频播放量超过 1200 万，新华网、《中国日报》《中国青年报》等官微也纷纷转发。#凌晨4 点不睡觉#微博话题还冲上了当天的热搜榜前三。29 岁的影像创作人程方和程晓，花了 5 年时间为杭州写了一首 8 分钟长的诗——《杭州映像诗》，他们使用延时摄影、高速摄影、航拍摄影等，拍摄了 9 万张照片，最终选择了1.8万多张照片。这首关于杭州的诗，于 2016 年 4 月发布，至今全球播放量突破了 1800 万次，还被百度百科收录为“杭州名片”。

由此可见，当找到了城市与人的情感纽带的时候，城市中的人、旅游者就能变成传播者，甚至会产生很多优质的 UGC 内容。

趋势九：得青年者得天下

2018 年有个突出的现象——“抢人大战”。这一现象背后透露出的是各个城市及各行各业对于青年群体的价值认同及创造力认同，他们将是这个时代的活力主体。同时，通过前面总结的年度热词可以看出，80%的年度热词及现象级事件都是由年轻人自发参与互动而产生的。

无论是文化传播还是旅游传播，都应该以年轻群体作为传播的主流受众。只有关注年轻人的关注点，关注年轻人的心理落点，关注年轻人消费习惯及触媒习惯的改变，才能做好真正的旅游传播、文化传播！

趋势十：融手段、融内容、融事业、融产业是文旅融合的亮点

文旅融合，不是文化与旅游的简单相加，融手段、融内容、融事业、融产业都是文旅融合的重点与亮点。融手段，即将旅游营销的手段嫁接到文化

传播中，让文化可触摸、可体验；融内容，即借助旅游的平台、旅游的场景，实现优质的文化内容传播；融事业、融产业，即经由促进文化事业、文化产业、旅游事业、旅游产业的融合，推动文化事业、旅游产业的共同发展。

最后，亚马逊总裁贝索斯曾说："人们在做战略的时候，总是关心未来会发生什么变化，很少人关心什么是不变的。变化必然会发生，我们要在了解变化的同时，锚定那些不变的东西。只有这样，你才会对自己的生命充满安定感或者安全感，不会永远在漂浮。"①

我们今天谈论的趋势是一种变化，然而在所有变化的趋势里，不变的是趋势的内核：内容！

（本文根据中国传媒大学广告学院旅游传播研究中心主任张婷婷在第三届博鳌国际旅游传播论坛上的发言整理）

---

① KIRBY，STEWARD.The institutional yes［EB/OL］.（2007－10）［2017－6－10］.https://hbr.org/2007/10/the-institational-yes.

预见2020:文化旅游传播十大趋势

一切趋势都是在时代背景下产生的,2019年的时代背景,毫无疑问是“文旅融合”,大家都在思考融什么、如何融。

回顾过去的一年,文旅业界在“融”上可谓是八仙过海、各显神通。同时,在这一年中也涌现了一些新词语,如“私域流量”“下沉市场”“智能传播”“万物皆媒”等,通过这些新词语,2020年的文旅传播趋势也能略见一二。

趋势一:2020,新一波的口号和视觉再造

越来越多的城市对自身定位与品牌形象的重塑,有了新的思考与着力点。在这种浪潮中,打造新的形象与口号,使其与文化和旅游更好地融合将会成为新的趋势。比如福建摒弃了使用多年的“清新福建”,转为“全福游,有全福”,宣告与自然清新的路线告别,以彰显其文化内涵与底蕴。甘肃省文旅厅发布了新的国际文化旅游形象大使——小陇仙,此形象以敦煌神话中的九色鹿为原型设计而成,意在以九色鹿形象来代表神秘瑰丽的甘肃文化。此外,浙江省衢州市将衢州地图与拱手礼的手势巧妙结合,把南孔文化的精神内涵具象化为老学究的形象,充分体现了衢州作为“南孔圣地”的独特地位以及“衢州有礼”的文化内涵。

趋势二:2020,文创将更大规模地迎来“集体上网潮”

2019年,是博物馆文创IP大爆发的一年。围绕历史、文化IP进行文创开发呈现出井喷态势,博物馆文创产品的销售额在过去的两年内增长了3倍,线上博物馆的累计访问达到16亿人次,其中有1亿用户是“90后”。由此可见,流量高、年轻化、转化高是文创上网的主要特点。

此外,打造文创爆款要立足于美、创、融、精四大要点,尤其是与IP跨界的文创产品,它们往往能够创造更多的经济价值。如来自泰国的轻奢银饰首饰MGS与梵高博物馆携手,将经典画作融入银饰创作中,此番独出心裁的合作不仅给双方带来了丰厚的营收,并且提升了各自的品牌形象,实现了双赢。

然而与博物馆文创火爆上网形成鲜明对比的是,许多城市未在网上对其推出的城市文创进行官方认证,打造官方授权旗舰店,加大对青年群体消费的拉动。也正因如此,城市文创的开发还有很大的上升空间。2020年,各城市都在大规模地开发文创品,让文创上网,实现与IP的联动,跨界出圈将成为一个大的趋势。

趋势三:2020,非遗的开发与展示将更场景化、体验化、生活化、产品化

在过去的2019年,非遗已在多个领域以多种形态出现在大众面前,如非遗与汽车、非遗与淘宝造物节、非遗与珠宝等。而在非遗风头正盛的紧要关节,如何让非遗的展示体现文化的在地性与沉浸感,是文旅传播需要破解的课题。

例如,基于此,中国传媒大学动画与数字艺术学院与国家博物馆联合推出了一个名为“我和国博有个约会”的项目;“清明上河图3.0”数字展也为文旅传播和非遗的结合进行了探索;以新传统、慢生活为标签的网红李子柒2020年与国家宝藏达成IP合作,于中秋佳节推出了联名款月饼。此等成功的案例不胜枚举。

毋庸置疑,非遗是推动文旅融合的重要抓手。也因此,非遗在2020年仍是各个城市、各个文旅单位重点关注与探讨的对象,各城市将会更加注重非遗产品开发,创新场景体验,也会更借助于IP设计,探索“非遗+市场+科技”的融合发展模式,为非遗注入新动力。

趋势四:新技术催生新传播,5G引发传播革命

当下,5G技术已经成熟,并且已进入社会的各个领域,文旅界也不例外。

比如,黄山景区、重庆长江索道都通过5G技术实现了远程360度VR实时纵览黄山美景与过江体验;由中国移动咪咕打造的“咪咕5G熊猫乐园”也能够通过5G+4K+VR技术,超高清地直播成都大熊猫繁育基地内的“滚滚们”打哈欠、啃竹子的画面,成为熊猫IP的点睛之笔。

众多精彩案例表明,5G已经成为线上沉浸式体验的加速器,但值得我们思考的是,5G技术是否会阻碍线下体验的发展?因此,旅游目的地在享受5G技术带来的效益的同时,更应该专注于打造好的线下产品,丰富其内涵,让游客既愿意在家中沉浸体验,又愿意付出时间与金钱去实地感受。

趋势五:文旅借力国潮,从文化认同到消费认同

与非遗一样,将中国传统文化与当下潮流结合的国潮风也越刮越猛,中国元素已经成为众多新文创的经典标配。国潮的起点是“国”,即要体现中国元素;国潮的落点是“潮”,即要结合时尚和潮流,要受到青年消费者的青睐。

比如云南省与腾讯共同发布的“云南新文旅IP战略合作计划”,该计划打造了一个具有云南省域特色的文化符号——云南云。这是国家层面推动文旅融合发展后,首个省级文旅融合实践,也是腾讯提出“新文创”战略以来,首个立足于一个省份的落地实践。此外,故宫联名口红、颐和园潮牌服装,都因成功跨界而受到了年轻受众的高度关注和追捧。

不仅如此,国潮正在给越来越多的景点赋能,比如故宫、敦煌、平遥古城、国博、颐和园等拥有浓厚传统文化的旅游景点,它们因为国潮的赋能而成了“国牌景点”。

总而言之,国潮助力文旅,文旅借力国潮,其根本点是找到目的地与年轻消费者之间的情感桥梁,把文化认同转化为消费认同。

趋势六:2020,文旅传播的优质内容依然是稀缺资源,好的内容依然是核心竞争力

在2020年的趋势预见中,我们认为文旅传播的优质内容依然是稀缺资源。

以日本艺术大师原研哉打造的日本景点宣传网站“低空飞行”为例,该项目取名“低空”,致力于使游客能以低空鸟瞰的姿态,从众多精美细致的图片里品味日本的细节之美。该网站配备的文案、图片、视频均出自原研哉之手,在此匠心精神的启发下,中国文旅也应致力于精细化的内容再造,再现中国之美。

此外,文化旅游传播的更新与迭代已经来临,传统的宣传手册已被多元化的线上、线下传播方式所取代,尤其短视频传播与Vlog异军突起,在排名前十的视频分类里面,旅游类Vlog占比达到了37%。然而,无论通过何种媒介传播,优质的内容始终是稀缺资源。精耕细作、内容为王,始终是颠扑不破的真理。

趋势七:没有运营的IP是没有价值的IP

如今文旅界已经树立了IP意识,许多城市和景区都开始自主打造专属IP,但是如何真正挖掘好在地文化IP并成功地加以传播,仍是一个棘手的问题。

中国传媒大学广告学院IP跨界传播研究中心曾整理出一份关于故宫全部内容运营的图表,这里面包括朋友圈、帖子、小说、图片以及各种表情包、海报等的图文,在视频内容部分,还包括Vlog、直播、节目、微电影、电影等,此外,还有各种互动游戏、快闪店的物理空间以及大家熟知的文创周边等。可以说,这是一个非常庞大的、拥有诸多轻量级及重量级内容的开发平台。只有建立大体量的IP开发运营平台,生成爆款才有可能。

所以,IP不仅在于创造、孵化,更在于运营,没有运营的IP是一潭死水,没有活力。对于城市和旅游管理部门而言,要构建与开发在地文化IP的内容运营平台,就要进行 IP 的顶层设计。IP 顶层设计不仅要打造出好的 IP 形象,更要构建一个 IP 矩阵,通过持续运营与开发,让其成为城市文化资产,产生可持续的价值。

趋势八:拥抱下沉市场,关注新消费群体

2018 年拼多多上市引爆了下沉市场的概念,隐形新中产、小镇青年成为推动下沉市场增长的核心。

中国三四线城市的下沉市场有6.7亿的用户体量,不难预见,下沉市场具有无限的消费潜力,能够成为促消费的重要增长点。此外,虽然小镇青年较一二线城市居民收入不高,但是由于下沉市场房价和物价的差异,与一二线城市的青年群体相比,他们身负的经济压力较小,也因此更具消费冲动性。

除了小镇青年,银发一族也值得关注。据统计,截至 2019 年,中国 60 岁以上人群已经达到2.49亿,50 岁以上用户的移动互联网渗透率达到了12.5%。这些都是 2020 年值得关注的、能够拉动文旅消费的新力量。

趋势九:在网红流量时代,不仅要追求“有意思”,更要追求“有意义”

近两年来,短视频已然成为旅游营销的一大利器,很多经由短视频宣传的目的地一夜爆火,成为网红打卡地。

然而,多数短视频呈现的只是城市的冰山一角,良好的城市形象塑造绝非一朝一夕之功。短期聚合的流量效应也不是支撑一个品牌发展的长久之计,潜藏在网红背后的不仅是年轻态和影响力,也有虚浮和没实力。因此,即使处于网红时代,我们也不能因急于求成而丢掉一座城市的文化。良好的城市形象传播需要好的传播品牌策划去打造自身品牌的独特记忆点。

以“故宫以东”为例,“故宫以东”是北京市东城区 2019 年全新推出的区域文化旅游目的地品牌。该品牌整合了北京市东城区近年来持续打造的多个营销宣传子品牌,内容上更加突出文化内涵,在产品规划上更加注重细分主题,渠道设计偏向精准化定位,营销推广则采取更加生动有趣的形式,以区域方位和文化特点为主题,以产品包的形式全面展现东城,从不同维度全面展示区内文、商、旅等资源。

趋势十:品牌对于文旅消费的价值和意义,我们如何评估文旅融合之后的消费

文旅融合正面临着一个核心的问题,即有没有一套新的评估体系可以评价融合后的文旅消费。

传统的评估体系主要针对旅游的消费市场、消费群体、消费习惯、消费价格等,随着文旅的融合,文化内容、文化产品、文化场所的消费,特别是品牌价值对于消费的转化等都应被视为文旅消费指数的重要组成部分。

中国传媒大学广告学院旅游传播研究中心正在探索在原有的旅游消费指数体系上升级。众所周知,品牌是衡量文化之于旅游的重要指标,因此除了将文化内容、文化产品消费纳入考量范围外,更应强化品牌对于旅游消费的转化作用,从而把文旅内生力与消费连接在一起,全产业、全要素、全方位地构建一个新的文旅消费评估体系。

趋势是一种预见,更是现在与未来的连接。2020 年,文旅传播的核心关键词是“创”,主要体现在内容、手段、渠道、表达、评估等方面都应有所创新。大家都说 2019 年是经济的寒冬,不会内容营销、不懂传播、不做产品创新的目的地会在寒冬中倒下。作为一个致力于为大家提供有价值、有营养的论坛,我们更想表达的是,对于那些洞悉趋势,不断创新、创见、创意、创享的目的地,这依然是它们的黄金时代。

(本文根据中国传媒大学广告学院旅游传播研究中副主任张婷婷在第四届博鳌国际旅游传播论坛上的发言整理)

预见2022:文化旅游传播十大趋势发布

疫情寒冬,对于旅游业来说是一场百年难遇的大考。在即将过去的2021年,各项数据依旧残酷,疫情常态化下文旅行业的危机,已不再是单纯的个体兴衰与竞争得失的问题,而是整个行业的生存与发展问题。虽然大雾不散,但希望却从未消逝,这一年,文旅业界各显身手,积极转型。如在线旅游企业的“老大们”纷纷走进直播间,抖音推出“新农人计划” 12亿元流量补贴三农创作传播,一位博主带货创收1500万元……

报告发布者中国传媒大学旅游传播研究中心主任张婷婷指出,在从未经历的萧条中,传播似一股潜流,正在深刻地改变着文旅行业,为处于残酷现状中的文旅业注入了一针强心剂。不可否认的是,品牌已经成为文旅行业的新兴生产力。2022年,我们虽然无法肯定旅游行业复兴的趋势研判,但却可以明确传播变革对于文旅的影响。

趋势一:2022年在地文化IP的开发会更加风起云涌

城市的不同文化内核,是开拓IP最富饶的土壤。

“河南奇妙游”是由河南卫视全媒体策划营销中心推出的“中国节日”系列节目,一经亮相便惊艳全国,其对中国文化、河南地域文化的精彩演绎,为在地文化IP开发的前半场交出了一份满意的答卷。而下半场的开发,则以线下特色旅游体验为主。

在当下,许多互联网平台纷纷入局城市,如爱奇艺通过IP+文旅,打造洛邑古城“《风起洛阳》影视IP”文旅综合项目,通过《风起洛阳》核心剧集,在漫画、剧集、综艺、网络电影、动画、游戏、纪录片、舞台剧、VR 全感电影、云演出、衍生消费品、地产十二个领域开发出新项目，帮助洛邑古城从“靠山吃山、靠水吃水、扎堆雷同”的地产模式进化到“IP、技术和体验一体化”的综合型文旅模式，创建了洛阳“影视 IP”新地标，共同促进了河南文化旅游的深度融合。

可以预见的是，在地文化 IP 开发是 2022 年的重点，在肉眼可见的未来，互联网平台会更加入局城市文旅。但如何进入，如何选择通道，采取何种措施，如何令属性与文旅结合出新意，都是我们需要考虑的问题。面对这些问题，“跨界转化”给出了回答。

趋势二：2022 年，“沉浸”正像大水一样漫灌城市

“十四五”期间，“实施文化产业数字化战略，加快发展新型文化企业、文化业态、文化消费模式”被写入了满足人民文化需求、推进社会主义文化强国建设的战略部署。而以环境渲染、场景塑造、内容 IP 为主的沉浸式体验市场已快速崛起，赋能文旅产业，开启了中国文旅的 4.0 时代。

作为 2021 年的年度热词，“虚拟人”“元宇宙”都与“沉浸”这个极有画面感的词密不可分。沉浸产业刚刚崭露头角，就为旅游行业带来了曙光——如高碑店的剧本杀经济，沉浸戏剧《南京喜事》、沉浸城市会客厅“城市盲盒”等，它们都深度链接了城市文化。

“沉浸”的兴起表明，新科技正在重构旅游消费场景，提升游客黏性，促进文旅产品业态提质增效。然而，仅有技术还远不能够支撑一个产业的发展，最重要的仍是不断更新体验的方式、丰富体验的内容。

趋势三：“以人为媒”的时代，传播模式与传播链路将进一步转化

“以人为本”是党中央提出的科学发展观的核心，“以人为本”主张人是发展的根本动力。过去，传播的转化路径多以货品为中心，形成了典型的漏斗模型。而今天，社会化的转化路径则更像是以人为中心的涟漪式转化模式。

媒介产品要想避免成为“沙漠中的布道者”,就势必与人建立联系,故而高效的社会化媒体传播模式的基本特点都是“以人为媒”,这意味着每个用户都可以是内容的导体和生产者。

因为模式的根本变化,于是出现了消费者“成图率”这样的表述,即指有多少消费者愿意在朋友圈分享一件商品,成图率的高低代表着传播的效率和效果。所谓传播影响心智,就是通过 KOL 或者用户消费者自身去形成传播,把流量做成一个核心的 KPI,精细化地去进行运营。

如著名的意大利服饰品牌 Brandy Melville 便将自己的客户群体定位于小码女孩,该品牌的服饰不仅版型偏小,且码数局限于 S 及 XS。传言能够穿上该品牌服饰的女性一定都拥有绝佳的身材,因而使一众爱美女性趋之若鹜,并掀起了“BM”风潮。此外,Brandy Melville 还曾一度挑选身材姣好的消费者作为其员工,成为其行走的代言人,使消费者自发地为其宣传,达到口碑传播的目的。

这启发我们:文旅业界各品牌应多注重消费者的诉求,使产品自己能让消费者产生共鸣,促使消费者主动传播,从而降低“认知成本”,增强“社交传播”效率,在全社会提升品牌知名度。

趋势四:媒体决定趋势,了解平台特性才能有针对性地制定传播策略

如今,不同的互联网平台有着不同的特性。第一,以媒体属性为代表的平台:通过内容或 KOL 与用户连接,实现平台内容共创。第二,社交属性类平台:通过社交关系,营造圈层体验,维系内容热度。第三,搜索属性类平台:通过搜索建立用户感知路径,强化产品品牌背书。第四,电商属性平台:通过小程序或 KOL 连接线上线下交易,形成开放体系。

能够熟悉并把握平台特性,则有利于把握流量密码,打造爆款。如今,所有爆款的传播链路,如玲娜贝儿,都可归纳为在媒体属性类平台及社交属性类平台打造内容声势,在搜索属性类平台塑造产品口碑,在电商属性类平台通过达人卖货等手段,打造爆款,导流线下卖场。

趋势五:有网就会诞生网红目的地,问题是天花板应当如何突破

在2021年即将落幕之际,理塘丁真一骑绝尘成为2021年度的流量明星,收获了一批死忠粉。据统计,微博#丁真#话题阅读量达到26.1亿;丁真相关实时热搜最多同时六个在榜。此外,策马扬鞭驰骋草原的视频也让新疆伊犁局长贺娇龙一夜走红、吸睛无数。然而,在享受着流量红利的同时,成为网红的流量天花板又应该如何维持热度才不至于昙花一现草草收场,而是能够创造更多的经济价值?

基于此,理塘政府开启了网红+内容的创新之路,与一众颜值主播不同,丁真化身公务员,投身宣传家乡文旅的活动,带动了整个四川旅游业的发展;贺娇龙则兼职网红,利用碎片时间直播带货农产品,为当地创收5909.5万元。

可以说,网红具备让其家乡成为网红目的地的能力,网红目的地的进化之路则是从现象到品牌。然而网红目的地展现的只是城市形象的碎片,卖萌讨巧只是传播的起点,那些我们在2019年、2020年提到的网红目的地,终究停留在现象上。在追求流量的同时,我们也应时刻牢记文旅传播的长期主义的韧性在于高质量的内容与品牌价值。所以在新的一年,文旅业界应认真思考如何高效利用网红效应,使其与城市持续运营的内容相结合,带给消费者美好的文旅好体验,从而塑造优秀的城市品牌。

趋势六:文旅传播中IP造星秘密——社交传播的过程,就是IP人设的过程

迪士尼的小狐狸玲娜贝儿爆红出圈,引来无数关注和报道。与迪士尼其他卡通形象不同,玲娜贝儿没有相关故事和完整丰富的人物背景以及相关的影视作品为其加持。在获得无数夸赞与关注的同时,玲娜贝儿的爆红也给很多人造成了一个假象,即打造一个爆红IP十分简单。殊不知,这些看起来最简单的成功,背后都有着充足的铺垫。

玲娜贝儿的走红,是一场多管齐下的,自发、引导、出圈、媒体放大的全方位传播运动的结果——其秘密的关键是通过社交传播进行IP人设的塑造。

正因为玲娜贝儿缺乏背景故事,仅靠简萌形象、简易人设和情感互动来支撑,反而给消费者创造了无暇遐想与内容共创的空间。此外,作为"达菲家族"一员的玲娜贝儿还拥有一个具有本土特色与文化的中国名字——"川沙妲己",该名一被叫响,瞬时就拉近了中国消费者与其的心理距离,使其成为能够掌握财富密码的"社交货币"。可以说,玲娜贝儿的成功是时代的偶然,也是必然。

可以预见,通过网红的带动在社交平台上立足于中国本土文化及网友智慧的 IP 顶流将会越来越多。

趋势七:文旅传播中的语态变革——从电视语态到社交语态

以往旅游传播依赖于电视语态,在适应电视话语体系的过程中,城市宣传习惯于用一句话去表达一座城市、一个目的地。随着数字化、社交化传播渠道的变革,城市宣传已演变成了"接地气"的语态,因为一句"曹县牛皮666,我的宝贝儿"火了,一个不知名的土气山东县城一夜之间变成了"宇宙中心"。随之而来的是,"宁睡曹县一张床,不买上海一套房""北上广曹""环曹都市圈"等金句也遍及大街小巷。

这个现象的背后,其实是一种反差萌,尽管金句的创作者大烁一直宣扬"千年古都,大美曹县",但这句工整体面的口号所取得的传播效果远不及那句土味口号。再比如北京环球影城的威震天,这一经典作品中的反派角色,脱口而出的却是接地气的中国段子,并与中国游客频频互动,打破了次元壁,颠覆了人们往常对其固有的刻板印象,吸引了众多游客慕名前往,拉动了环球影城的经济增长。可见,如今的文旅宣传趋势更多的是追求个性化、本地化的社交语态,再凭借短视频传播带来的流量东风,最终成功"出圈"。

趋势八:文旅传播 3.0——发现热点,借势传播

今天,对热点的追逐,不再只是互联网的流量密码,更成为政府的宣传手段。前有利用丁真宣传城市文旅的甘孜政府,让理塘一夜之间游客倍增,

创收无数;后有因疫情流调而大火的沈阳鸡架,让沈阳市政府抓住契机,通过宣传美食引发网友热烈讨论,从而激发网友对沈阳这个目的地的浓厚兴趣。这背后的逻辑均是勇于发现热点、抓住热点和传播热点,这同时也表明,不是只有人才能够成为热点关注的主角,一件事、一件物品也有可能引发全民讨论。如何巧用热点打造自身文旅宣传的新爆点,其基础应是培养政府的互联网思维及融媒体建设。

趋势九:文旅新消费场景——数字化、流量驱动、内容运营

场景,是流量的线下入口,更是传播的载体。在今天,场景已经成为一个能与消费者共同对话、共创传播的空间媒体。

例如,百度指数指出三星堆位居2021年热门旅游目的地榜首。博物馆则利用三星堆文化出土一事,将自身打造成一个文化对话的入口。通过数字化建设、内容运营及流量驱动,借助三星堆博物馆这个空间载体,深挖考古文化,从而让三星堆成了国潮热点。此外,国内的首个京味场景沉浸式体验空间——北京和平菓局,以大青砖窄胡同、蜂窝煤、小马扎、绿皮火车、大戏院、照相馆、20世纪的广告画等动静结合的布景设计、特色小吃、国潮文创等消费体验逼真地还原了20世纪七八十年代老北京的市井风貌。这座"地下老北京城"既满足了老一代北京人的怀旧情愫,也迎合了年轻消费者、外地游客对于原味北京生活的猎奇心理,开业不久即成为王府井大街上最热门的"打卡地"。

在人民精神需求日益增长的今天,传统的消费模式已经失去活力,如何利用好数字、流量驱动、内容运营创造消费新场景,是值得文旅业界深思的问题。

趋势十:文旅的创意距离商业创意究竟有多远

如今的传播核心人群主要以Z世代人群为主。所谓Z世代,即1995—2009年间出生的人,他们的消费特点是通过圈层群嗨,将潮流升级为潮嗨,追求新颖、多变。随着这部分人群成为消费市场的主力军,品牌年轻化也成了重要的商业趋势。

为了争取这部分市场,许多品牌也致力于年轻化的创造。但是,急于求成就容易剑走偏锋,例如一味追求年轻化,注重标新立异而脱离消费人群的实际需求。这些做法不仅无法获得年轻消费者的青睐,还容易使自身的发展阻滞不前甚至被淘汰。因此,品牌不仅要保证产品的质量,还要具备超越产品的想象力。

例如这个双十一,知乎发布了《3000 年后,博物馆里会展出哪些"现代文明"》的脑洞大片。大片通过大胆设想,制造观众意料之外的内容,抓住了 Z 世代人群爱猎奇的心理。短片从未来回望现在,在"人类 XX 好,未来会更好"的主题下,展示"古人们"选出的高赞好物如何造福千年后的子孙后代。短片打破了常规视角的叙事手法,以轻松、夸张、幽默的手法演绎内容,加上片尾 Rap 的洗脑攻势,让"知乎高赞好物 100 榜单"变得新鲜有趣,也更具记忆感与说服力。

在市场新常态下,洞察用户消费心理,创造和发现用户需求,精细化经营用户,是打造好品牌必不可少的基本素养。这启示文旅业界应始终保持对年轻态群体的前瞻洞察,坚持与用户共创,形成自己的产品服务规划与品牌文化。

传播不止,创意无限。2022 文旅传播十大趋势,未来,依旧可期。

(本文根据中国传媒大学广告学院旅游传播研究中心主任张婷婷在第六届博鳌国际旅游传播论坛上的发言整理)

酷 MA 萌的零版税战略

酷 MA 萌，日语 kumamon，因其外表是一只熊，且发源于日本九州中部的熊本县，因而被中国粉丝亲切地称为“熊本熊”。熊本县位于日本九州中部，是酷 MA 萌的家乡，拥有 180 万人口，坐拥 7400 平方公里的土地，约与中国台湾相同，面积大概是中国香港的 7 倍。熊本县有阿苏山活火山、天草河等自然景观，以及丰富的绿色农产品。酷 MA 萌是以振兴地方经济为设计初衷、拥有现代风格的新型吉祥物，它将惊奇与幸福传播到世界各地，形成了一种所谓的熊本熊、酷 MA 萌的共有空间。

一、酷 MA 萌的零版税战略

很多人看到酷 MA 萌都会会心一笑，这个诞生在熊本县、受到很多人喜爱的酷 MA 萌，不仅是宣传熊本县的一个卡通形象，还代表了熊本县的自然、历史、文化等资源；它不仅仅是一个任性淘气的熊孩子，还是熊本县营业部长兼幸福部长。酷 MA 萌利用熊本县当地的资源，将惊喜与幸福传播到日本及世界各地，形成了一种所谓的熊本熊、酷 MA 萌的共有空间。

酷 MA 萌是一个传播惊喜及幸福的种子，因此受到很多人的喜爱，在中国也拥有庞大的粉丝基数，许多中方企业都想与之合作。为振兴熊本县经济，熊本县采取了“酷 MA 萌零版税战略”，即在熊本县政府许可的情况下，合作者可以免费使用酷 MA 萌的 Logo。但需要特别指出的是，无偿使用并不等同于随意使用，无偿使用熊本熊 Logo 的重要前提是该商品必须与熊本县的旅游业息息相关,可以扩大熊本县的产品销路,带动熊本县的经济发展。

经过现实的印证,零版税这一战略的确能促进熊本县与企业实现双赢。一方面,企业可以使用熊本县的产品而无须支付相关的版税,从而大幅地节约了成本;另一方面,熊本县也借此打开了地方知名度,扩大了产品销路,振兴了旅游业,进而带动了当地的产业发展。据统计,截至 2015 年,全球已有 10 万左右的商品使用了酷 MA 萌 Logo,并实现了 1007 亿日元(约合 54 亿元人民币)的销售额。

使用酷 MA 萌形象的商品已遍布世界各地。在日本,熊本县针对县内中小企业制定了相关的政策,县内中小企业能够以相对较低的费用或者免费使用酷 MA 萌形象。酷 MA 萌的使用范围除小商品以外,还涉及广告、电影等领域。在欧美,酷 MA 萌也获得了一些知名品牌的青睐,比如 Steiff 推出了限量版泰迪熊本熊,这只标价 240 美元的玩具总共生产了 1500 只,5 秒钟售罄。此外,莱卡相机公司与酷 MA 萌合作设计的"莱卡酷 MA 萌相机"也颇受欢迎;中国香港与澳门共有 358 家店铺进行熊本熊的促销,中国内地的家乐福在 2016 年 5 月份就引进了熊本熊;韩国、印度尼西亚等亚洲国家也通过酷 MA 萌的形象销售熊本县的各种产品。

二、酷 MA 萌效益

除了经济效益以外,酷 MA 萌也给熊本县带来了其他方面的效益。譬如,熊本县此前仅是日本的一个农村县城,经济水平十分低下。但随着熊本熊在世界范围内的一炮而红,熊本县的名声也随之传播开来。酷 MA 萌在带给熊本县巨大知名度的同时,也大幅提升了熊本县人民的幸福感,熊本县的人民以熊本为傲。不仅如此,通过酷 MA 萌这样一个形象,还产生了酷 MA 萌共有的空间,这个空间充满了令人感叹的惊奇与笑脸,所有参与到这个空间的人都能获得同样的幸福感与喜悦感。值得一提的是,日本将在 2019 年举办橄榄球世界杯赛以及女子手球锦标赛,届时期待酷 MA 萌与大家一起在熊本县见面。

诞生于日本熊本县的酷 MA 萌拥有两个梦想:一个是走向世界,如今这个梦想已经实现;另一个则是希望能有更多的朋友来熊本县做客。未来,熊本县与熊本熊将会把酷 MA 萌的空间扩展到全世界,并且希望在 100 年后,酷 MA 萌仍旧能深得大家的喜爱,不断地带给大家幸福。

(本文根据日本一般社团法人代表熊本县贸易协会上海代表处首席代表垣下美那子在首届博鳌国际旅游传播论坛上的发言整理。)

篇六

夏威夷旅游传播秘籍:“Aloha”平衡战略

一、夏威夷旅游“无为而无不为”原则

旅游业是夏威夷牵一发而动全身的产业,其发挥的作用十分重要,因此打造夏威夷旅游品牌并不仅仅是做好目的地营销就足够的,它还需要兼顾当地的自然环境、文化资源和游客教育,确保能够以最好的方式呈现夏威夷岛。

如果用俄亥俄州和夏威夷比较,便会发现两者的巨大不同。Dayton(代顿,美国俄亥俄州西南部城市)不以旅游业为主,它主要做内部市场,依靠其他产业来支撑当地经济。

如果观察20世纪80年代泛美航空公司的航线情况,我们就可以发现,俄亥俄州虽地处美国的中心地带,但俄亥俄州与夏威夷两地之间的通勤却十分困难。今天,科学技术不断发展,交通四通八达,偌大的地球被压缩为一个“村”,去任何地方都非常快捷方便。如何在交通便利的基础上将夏威夷的美景与文化推向全世界,是夏威夷的主要工作之一。

将目的地和其他地方连接起来,是旅游业的美妙之处。2010年至2016年,夏威夷的旅游业持续增长,给夏威夷带来了巨大的好处。旅游业是夏威夷经济的核心,在夏威夷经济中起着引领的作用并为夏威夷所有的

家庭带来福祉。

引用中国道家老子的一句话“无为而无不为”,这是夏威夷在保护市场、推介市场上遵循的一个原则,就是要保留地区原貌,保留文化原貌,保留环境原貌。

二、用讲故事实现互联互通

要了解夏威夷的营销策略,就必须要了解夏威夷的基本情况。总体来讲,夏威夷岛由八个各具特色的主岛组成,其自然美景与我国海南岛有相似之处。夏威夷远离城区,虽地处美国偏远之地,却是美国唯一种植咖啡的地方,并在世界上也有着深远的影响力。然而,这些情况仅是夏威夷的一部分,并不能代表夏威夷的全貌,夏威夷最重要的还是其深厚的底蕴与内涵。

在夏威夷,有一位通过帆船环游世界的旅游达人,他没有使用现代的科技,而是通过星星定位等传统的方式,花费三年的时间完成了一次环球航海旅行。在这次航行中,他回顾历史,展望未来,向全世界介绍了当地的文化,并传播了夏威夷的价值观。

这次航行代表着夏威夷,同时也代表着美国。一望无际的大海如同能源问题、环境恶化、食品安全和海平面上升等人类面临的前所未有的挑战,而夏威夷这艘帆船立志要找到正确的前行方向,即如何守护好人类的蓝色家园——地球。

同时,这次航行也代表了夏威夷人愿意与世界互联的愿望,即与其他文化实现互联互通,夏威夷采用了讲故事的方法,告诉人们夏威夷是个美丽的家园,在这里人们可以手舞足蹈、自由放歌。在传播其理念的同时,夏威夷也在采用一种可持续发展的方式保护环境、保护历史,因为只有通过这种方式,人们才能发现真正的夏威夷并感受到夏威夷的美。

三、友善团结的"Aloha"文化

夏威夷是冲浪的发源地,夏威夷的文化大使 Duke Kahanamo Ku 是一名世界级冲浪运动员。从几十年前开始,他便致力于将夏威夷介绍给世界人民,而这项工作一直延续到今天。

每当外地游客落地夏威夷的时候,便被声声"Aloha"围绕,"Aloha"不仅仅是一个简单的问候语,它还拥有深刻的内涵,代表了夏威夷的本质特征,并且其每一个字母都有深刻的含义:A 代表友善,L 代表团结,O 代表温和,H 代表谦恭,A 代表耐心。此外,夏威夷还通过法律的方式来巩固自己开放的文化,并对所有的文化都保持开放欢迎的态度。在几百年的历史长河中,这里积淀了中国、日本、韩国、菲律宾等诸多文化,之所以每个人到夏威夷都能获得"宾至如归"的感受,归根结底还是因为夏威夷的本土文化是一种开放的文化。

四、用创新技术与世界互联互通

夏威夷的全球旅游推广办公室仅有 28 名员工。毋庸置疑,仅仅依靠这 28 个人在全球范围内完成使命虽不至是天方夜谭,但也的确面临着许多困难。因此,他们很大程度上依赖全球各地团队的帮助,包括在中国、日本、美国、加拿大以及中国香港、东南亚的团队,通过全球各地的团队使推广办公室能够在全球范围内做推介。

首先,对夏威夷来说最重要的是照顾好自己的社区。夏威夷岛面积不大,南来北往络绎不绝的游客势必对这里的环境多多少少造成破坏,而本地居民也会在一定程度上因文化差异与这些外来游客产生矛盾。因此,夏威夷必须保护好自己的岛屿、社区,力图使游客与社区之间达成一种平衡。只有这样,才能够令游客感到"宾至如归",一起加入守护夏威夷的队列中。

其次,营销对于夏威夷而言十分重要,夏威夷在营销方面也可谓是“才尽其用”。夏威夷推出了世界范围内可用的促销平台,包括虚拟现实与社交媒体软件。夏威夷还着重打造了夏威夷官方旅游网站——来夏威夷网,该网站的语言支持翻译中文及其他语言。毋庸置疑,这个网站将会成为向世界输出夏威夷文化和身份的重要平台,在这里大家能够看到夏威夷的全貌。此外,网站上的每一个网页都将使用本地的语言来欢迎游客,并伴有夏威夷曲风的背景音乐,游客即便不懂夏威夷语,也能够通过这种方式更直观地感受到夏威夷的文化。

另外,在 2015 年,夏威夷和 Expedia 达成了合作。Expedia 是一家多国运营的机构,夏威夷想采用一些高科技手段,帮助夏威夷旅游局发现游客的一些偏好。所以夏威夷与 Expedia 共同开发了一个视频,摘取了夏威夷的一些亮点来体现夏威夷品牌的思想。值得一提的是,这个视频含有高科技,使用了脸部识别技术——当人们观看这个视频的时候,脸部识别技术能够识别观看者面部表情的变化。通过这种方式,夏威夷旅游局就可以看到游客到底有什么样的偏好,这样就可以在进行推介的时候有针对性地推介相应的酒店、景点给相应的游客。

五、针对不同市场的夏威夷旅游推广手段

目前我们的重点是要给中国游客介绍夏威夷的一些本质特征,夏威夷的旅游团队和腾讯合作了“六岛冒险挑战”的节目;我们还推介了太极,建立了中国和夏威夷之间的联系;我们还邀请其他名人强调夏威夷快乐健康的生活方式,将这种生活方式作为卖点来吸引中国游客。另外,我们还与麦当劳结成了伙伴关系,在 2016 年的不同时段,麦当劳餐厅会提供各种各样的夏威夷式餐食,通过多种方式来推动我们的品牌,让人们了解夏威夷的饮食和文化。

未来,夏威夷需要保护好自己的家园,保护好人民、文化,还要使用创新的技术,保持与世界的互联互通。这是夏威夷的使命,也是旅游的美妙之处。

[本文根据夏威夷旅游局副局长、首席运营官兰迪·巴尔德摩尔(Randy Baldemor)在第二届博鳌国际旅游传播论坛上的发言整理]

旅游传播VS国家品牌、城市品牌塑造

冬季奥林匹克运动会的举办,为加拿大温哥华冬季品牌的建立带来了一些契机。

加拿大拥有巨大的旅游发展资源,占全球10%的份额,并且以每年10%的速度增长。但在加拿大赢得2010年冬季奥林匹克运动会举办权之时,加拿大的旅游业也遇到了一些问题。与中国这样的新兴旅游市场不同,中国的旅游市场会实现非常快速的增长,而加拿大虽然已经拥有成熟的市场,但旅游业却陷入了停止增长的僵局。

全世界都知道品牌的重要性,品牌的重要性对加拿大来讲也不例外。长久以来,加拿大是通过低廉的机票和签证吸引游客的,但这一举措并不足以维系加拿大旅游业的长久发展。如果说有什么方式能够高效友好地将加拿大推介出去,使游客们将加拿大列入其旅游目的地的考虑范围之内,最重要的是加拿大自身能够建立一个品牌。据考证,品牌营销和传播95%都是通过情感式传播传达给观众的,只有5%是通过理性的方式传播的。这也就说明了,通过情感式传播,95%能实现人与人之间的品牌分享。

眼下,加拿大旅游业的当务之急就是建立一个新的品牌,打造一个全新的旅行方式,通过一个重要的平台告诉全世界,加拿大是一个非常好的旅游目的地。2010年温哥华冬季奥林匹克运动会为加拿大旅游业的兴盛带来了一场东风。冬季奥林匹克远动会是一场举世瞩目的国际盛事,每场比赛都会有至少20亿的观众收看,这的确是一个非常高效便捷的平台,能够有力地传播和分享加拿大旅游品牌的形象设计和故事。此外,人们还可以通过社交网络以及其他的一些设备来了解、交流这个品牌的相关内容。

加拿大的品牌建立经历了三个战略阶段。第一个阶段是从 2010 年 1 月份之前的准备阶段，在此阶段，加拿大邀请了各种媒体分享其新理念及新故事，同时通过电视及其他的一些社交媒体进行传播。因为一个故事可以产生一种共鸣，这样就可以利用这个机会来打造加拿大品牌，并为其品牌传播进行预热。

第二个阶段的任务是分化受众群体，其中最重要的是一些极具好奇心、探索性的游客。不容置疑的是，在全球成千上万的旅游目的地中，加拿大确非其唯一选择，因此加拿大要做的就是重新定位来吸引这些受众，将加拿大变成他们的备选、首选甚至必选。基于此，加拿大通过整合资源、经验探索、品牌塑造，以及开放一个可以帮助加拿大分享好故事的重要平台，从而挖掘了一些潜力巨大的市场及消费人群。

第三个阶段的任务是扩大品牌知名度。如前所述，加拿大的品牌建立万事俱备，只欠东风。一个好的传播平台能够做到事半功倍，备受瞩目的奥林匹克运动会就能满足加拿大的所有需求。加拿大利用这个奥林匹克运动会，使温哥华奥林匹克运动会不仅仅是温哥华的运动会，而是整个加拿大的盛事。加拿大通过媒体，邀请了一些全球知名的明星参与奥林匹克圣火的传递，以明星效应加奥林匹克运动会的影响力去大幅提升加拿大的影响力。

为推动加拿大的品牌传播，我们做了很多工作，比如建立品牌、营销理念和找准新的市场定位。同时，这些工作也都是建立在奥林匹克运动会快速发展、持续增长、弹性发展的基础之上的，因而能够促使加拿大的品牌实现可持续发展。

在这个品牌的发展过程中，我们还会进行一些其他品牌的界定跟投资。比如说在 2009 年，因奥林匹克运动会而产生的旅游业收入达到了 8.89 亿美元，到 2010 年超过了 10 亿美元，这表明我们通过奥林匹克运动会做的故事分享产生了一些效益，加拿大的品牌价值也有所增长。与此同时，我们还启动了一个非常重要的项目——2005 年至 2012 年的未来品牌国家项目。

随着时间的推移，在社交网站上的一项 2010 年全球最佳报告中，加拿大已经成为排名前几的品牌效应国家，这使我们有了非常强的信心。当然我们还会投资发展，奥林匹克运动会成了加拿大的旅游资源之一，旅游业也在奥林匹克运动会的作用下持续发展。

自2010年温哥华冬季奥林匹克运动会以来，加拿大得到了一些什么效益呢？加拿大提高和加强了旅游业发展，通过社交平台以及奥林匹克运动会这样一个良机，与全世界的很多人士共同庆祝，还有来自不同国家的游客来到了加拿大，使得加拿大旅游业增加了一些附加值。中国也举办了奥林匹克运动会，对当时中国的世界地位和世界影响力都带来了很多好处。

所以，我们也可以从加拿大旅游业的持续增长中展望中国2022年即将举办的冬季奥林匹克运动会。不管是对中国还是对加拿大来说，我们都会遇到很多相似的挑战，同样我们也有很多的机会可以利用，使奥林匹克运动会成为一个国家的旅游发展方向。同时，我们可以用一些元素和一些期待，将北京冬季奥林匹克运动会打造成一个世界级品牌，通过这次奥林匹克运动会让来自全世界的游客都聚焦北京，也包括北京以外的中国其他地区，相信中国旅游业将会得到一个提升。

2022年北京冬季奥林匹克运动会对于中国来说是一个新的旅游品牌，中国有新的故事要讲。加拿大的冬季奥林匹克运动会是2010年，中国的冬季奥林匹克运动会是2022年，对于我们两国来说这也是一个加强联系的好机会。2018年是加拿大跟中国的旅游年，中加双方的历史渊源非常悠久，而且双方都有非常丰富的历史跟文化资源，在管理方面也可以互通有无。

[本文根据加拿大国家旅游局前局长、国际旅游营销专家格里高利·克拉森(Gregory Klassen)在第三届博鳌国际旅游传播论坛上的发言整理]

当地居民和目的地营销的关系

一个游客在做出旅游目的地决策时,吸引他的理由除了美丽的自然风光、深厚的文化底蕴以外,也有可能是当地的居民中有他的朋友、亲戚,他愿意花费时间前往该地与这些亲朋好友共度一段美好时光,这种赋予情感的目的地,对城市推广有着莫大的作用。

当人们听到多伦多的时候,首先会想到什么?——山、原住民、加拿大国家塔,还是多伦多球队?当然,在世界上也有很多人根本不知道多伦多是什么,不知道它在哪个国家,甚至不知道多伦多是一个城市。

人们时常会对多伦多的两个地方感到好奇:第一,它是北美第四大城市;第二,它一半的人口都是移民。加拿大可以说是世界上最为多样化的一个国家,同样多伦多的人口也非常多样化,来自不同地方的人在这里交流、生活。基于这样的移民背景,多伦多旅游局除利用广告和公关、博客等社交媒体吸引游客以外,还应当明白当地居民也是影响游客对目的地选择的重要因素之一。

在我开展博士学位研究时,我发现很多目的地吸引游客的原因之一,是因为这个游客到目的地去看望亲朋好友。后来我通过询问一些人对此加以印证:对于游客来说,让他们决定拜访一座城市的原因之一,是该地有他们所熟悉的人。以我自身举例说明,在搬到多伦多之后,中间有一段日子我又回到了英国,而后当我重返多伦多时,有7个人随我一同前往。不难相信,假设我没有到多伦多,这7个朋友是不会选择到多伦多来的,他们之所以到多伦多旅游,很大程度上是因为我搬到了多伦多。

根据加拿大统计局的数据,到访多伦多的国际游客中,40%都是走亲访友的,其次是单纯观光旅游和商务类的游客。而对于游客来说,能更好地了解当地居民生活的三种方式就是:短时间地走亲访友;花时间和亲朋好友待在一起;住在亲朋好友家里。这三种方式使得游客能够更好地了解当地的基本情况,并且对游客的目的地满意度有很大的影响,因为游客必然会从亲朋好友那儿听取更多的建议,从而决定是否要去景点、去什么景点以及不去什么景点。

在单纯观光旅游的游客之中,有一半的游客可能会花时间和亲朋好友待在一起。这个数据分析结果十分重要,当地旅游局可以通过这个数据来思考,比如为什么人们要到我们这个目的地来,他们是从哪里获得的建议从而决定参观这座城市的,又是如何参观这座城市的。同时,在前往多伦多旅游的游客中,有69%与当地居民相识,这意味着相对于在酒店住宿,这部分游客更有可能住进亲朋好友的家中,这一点在很大程度上会影响酒店的业务。

此外,对那些到多伦多走亲访友的游客来讲,除去住在亲戚朋友家的时间之外,他们会选择去什么地方进行参观?尼亚加拉瀑布是他们的必选之地,这是一个有名的瀑布,那里有湖泊,有度假村,也有酒店,国际游客非常愿意去,而这个地点都是因为亲朋好友的推荐他们才去的。对于多伦多的居民来说,他们会鼓励游客去那些著名景点。

试举一例,来自拉脱维亚的艾利斯,至今已在多伦多定居七年。在他母亲来看望他的时候,他们一起做了很多好玩的事情。艾利斯知道母亲的兴趣点在什么地方,也知道什么地方值得一去。比如,他们一起去了沙滩,一起去了中国城,他带母亲参观自己的新房子。这些事情对于他和他母亲来说都是一种不同以往的体验,并且能够加深母子间的感情。一方面,对他母来讲,她能够通过这样一种方式更好地了解艾利斯所生活的社区与环境;另一方面,对艾利斯来讲,在这段愉快的旅程中,和母亲相处的所有时光都足以令他铭记在心,但最开心的莫过于一起去看了尼亚加拉瀑布。对艾利斯和他母亲来讲,尼亚加拉瀑布之旅是一种个人化的体验,想到这个瀑布的时候,他们就会想起一些难忘的瞬间。也正因为如此,尼亚加拉瀑布已稳居艾利斯的安利清单,现在他会推荐更多的朋友去参观这个大瀑布。

这种亲朋好友式的推广对于尼亚加拉瀑布景区和多伦多周围的一些景点来讲十分重要。我也询问了我的同事安娜:如果你姐姐来看你,是不是要请假呢?她说是的,需要请假,而且可能需要请两周的假,因为要把所有的事情都做好规划。她姐姐说要去大瀑布,还要去多伦多的沙滩看 Hipop 演唱会,去卷心菜城。我想象不到如果安娜不去的话会是什么样子,因为那样的话她姐姐和姐姐的孩子就无法更好地了解这个城市。安娜自己利用带薪的假期度假,她把钱花在当地,而且她领着家人和朋友亲戚去周围博物馆和旅游胜地参观,也促进了当地经济的发展。她希望她姐姐在多伦多度过一个愉快的假期,实际上安娜成了她姐姐的个人导游。安娜希望她姐姐回去之后能跟她的朋友讲多伦多太好了,可以在社交媒体上更多地分享多伦多的美好时光。

以上的例子都很好地表明,探亲访友可以作为一种非常棒的市场营销活动。

澳大利亚北部的圣灵群岛做过一个非常简单的宣传活动,他们将一些印有景点的海报、明信片发给当地居民,让他们把这些明信片寄给亲戚朋友,告诉他们说,我们生活的这个地方特别棒,冬天的时候特别温暖,你可以来看看,我们可以共同度过愉快的时光。商人们不能自己讲这个地方太好了,会有广告嫌疑,他们要利用目的地的人告诉自己的亲朋好友,我生活的这个地方太好了,你过来看看,我领你到处玩玩。

现代很多人会利用社交媒体寻找信息,社交媒体的力量非常强大。加拿大也有很多旅游促销推广活动。一些地方的当地居民如果邀请亲戚朋友参观景点,会得到很多的优惠券;如果用社交媒体分享亲戚朋友的旅游照片,会获得一些奖励,所以很多当地居民都会代表旅游局去分享一些内容。当人们在社交媒体上寻找相关信息的时候,他们就会从当地人的口中了解接下来的旅游应该去哪儿。

我们曾经做过一个“内疚之旅”活动。在澳大利亚墨尔本一个很小的地方,在那里成长的孩子,长大之后会离开这个地方去外面工作。这个推广活动以小镇青年的父母为对象,让他们给在大城市工作的孩子发讯息:我看到邻居的孩子回来了,他的父母特别高兴,我在想,如果你也来看我们,我们肯定也特别高兴。这样的内容引起了在外工作的孩子的内疚感,他们便会回家看看。"内疚之旅"的活动让当地旅游增长了15%。

所以我一直鼓励大家思考并要记住的是,目的地的当地居民可以给城市带来非常好的游客。这些人来到目的地,也愿意和他们的亲戚朋友共度美好的时光,这种赋予情感的目的地,对城市推广有着莫大的作用。例如你和你特别爱的人一起在不同的地方度过一段时间后,会发现那时的时光是永远难以忘记的,人们会不断地想那时候做了什么事情。

当有一些亲戚和朋友来看你的时候,你也会和他们一起去当地的博物馆或者其他景点,你会成为目的地的旅游大使。因此,我们要充分利用当地居民的经验来更好地宣传和推广自己的目的地,让亲戚朋友过来旅游而且鼓励他们分享美好旅程。

我们总是花费大量的时间去吸引、接触国际游客,殊不知,实际上目的地的当地居民就是最好的宣传大使,因为他们本身就会形成一种传播力量。所以旅游目的地的管理者不妨思考一下,该怎样让当地居民成为最好的宣传大使。

[本文根据加拿大瑞尔森大学教授汤姆·格里芬(Tom Griffin)在首届博鳌国际旅游传播论坛上的发言整理]

篇九

B2B、B2C 两种营销策略在旅游传播中的交替使用

魁北克是加拿大的一个省,也是加拿大最大、最古老的省,它是由法国人发现并开发的,所以它拥有部分欧洲文化。魁北克的旅游是有季节性的,一年四季景常不同,因而能在不同的时间内为游客提供不同的旅游体验。

一个热情好客的主人会为游客的旅行锦上添花,如果有人到了一个旅游目的地,却并没有获得预期之中的良好体验,那么他将这种负面情绪传播出去告诫朋友们对这个地方“避雷”“拔草”也是情理之中的事。更何况,在今天这个互联网时代,所有的信息都能以迅雷不及掩耳之势的速度传播出去,负面信息届时必然会对这座城市的名誉造成负面影响。

魁北克原定于 2015 年启动对接中国的活动,但最终却延期举行。因为在 2016 年以前,相较于欧洲、北美市场,亚洲游客对于魁北克而言还是新鲜的血液、陌生的面庞。这是因为当时的魁北克并没有做好充分的准备。

基于此,为了更好地了解中国市场,也为了更好地在中国市场推介魁北克,我们在魁北克当地做了一个活动——“Set the table”。魁北克旅游局对这个活动做出了如下解释:魁北克应该做好准备再请游客进来。在邀请客人来魁北克之前,一定要将所有东西都准备好,甚至要饭桌都摆好了之后再请客人来才最合适。

2015 年,魁北克启动了一个名为“为中国准备好了”的项目,并同时发布了一个《我们到底应该怎样接待中国游客?》的重要指南。我们将该指南放到互联网上,大概有 2000 个行业利益相关者提出了自己的意见。此外,魁北克还举办了一些研讨会,请不同的专家一起探讨中国的游客代表什么、关注什么、喜欢什么,要如何做才能确保这些中国游客到魁北克之后可以获得非常好的体验,能够得到满足。基于这些工作,我们获得了一个超出预期、意想不到的结果,也使得业内利益相关者的合作关系变得更加紧密。同时,中国旅游业的利益相关者和一些合作伙伴也加入到了这个活动中。后续我们也不断地为其投入了更多的经费,希望能够在中国做更好的推广。此外,我们也利用这一契机,在向中国介绍魁北克的同时,也让魁北克的人民认识了中国。

2016 年,魁北克推广了"What are we selling ?"的活动,该活动主要向中国介绍魁北克到底有什么。实际上,魁北克省旅游局可能并不是推广魁北克最合适的人选,但却采取了最合适的方式方法。例如,魁北克在哈尔滨冰雪节(编者注:魁北克冬季狂欢节与哈尔滨冰雪节、日本札幌冰雪节和挪威奥斯陆滑雪节并称世界四大冰雪节)上推出了自己冬季狂欢节的吉祥物博纳(Bonhomme)。该吉祥物能够向游客们传递这样一个信息,即魁北克是一个冬季旅游的绝佳之地。

魁北克以美丽的自然风光著称,但这就是我们想要推广的全部吗?因此我们又利用大数据、小数据开展了很多研究。我们采访了即将离开魁北克的游客,想了解这些游客在离开魁北克之后是否有意愿向亲朋好友介绍魁北克,他们会向人们分享哪些信息,此次出行有哪些心得体会,又愿意将哪些东西带回自己的家乡,等等。

在研究过程中,我们发现魁北克的居民十分热情好客。热情好客是一种难得的品质,它能够令游客在欣赏风景的同时感受到魁北克的人情味,使游客的这趟旅程更温暖、更温馨、更温情。于是我们摒弃了仅仅宣扬自然风光的传统的营销方案,取而代之的是一种新的营销方法,即讲故事。我们希望人们在提起魁北克的时候会想到什么呢?是气候?还是食品?都不是。在进行了头脑风暴和大量的讨论之后,我们发现,我们需要策划一个以情感为核心的营销,它要能激起人们的渴望,让他们向往一种体验,而这种渴望和向往会促使人们乐意去分享。

众所周知，当我们丧失了一种感官的时候，其他感官的功能就会变得非常强大。假设有一个盲人游客来到魁北克，我们应当如何在他看不见的基础上让他依然能够感受魁北克并且爱上魁北克？2016 年 11 月我们给出了一份令人满意的答案。我们在北美和欧洲推出了一个活动——“Blind Love”，同时也推出了一个全新的夏季旅游推广宣传片——《Blind Love，从心出发，感受夏日精彩本色魁北克。》

这支从心出发的旅行宣传片讲述了来自纽约长岛的盲人音乐家丹尼·基恩(Danny Kean)首次前往魁北克的奇妙经历。在宣传片中，丹尼·基恩坐着皮筏在峡谷险滩之间漂流；乘坐热气球飞至蒙特里治小镇高空；乘坐高空滑索穿行于蒙莫朗西山涧飞瀑；划着皮划艇与鲸共舞；参加动感音乐节；游走于古老的城市，结交热情好客的当地朋友；身着蒙特利尔的定制西服聆听音乐会；品尝地道的奶酪与美食；感受过山车的速度与激情；乘坐直升机巡游壮阔的海岸线……在短短的 3 分半钟里，通过丹尼·基恩的体验，让人们认识魁北克。宣传片除了让秀美的自然风光惊艳人们以外，更希望在情感上引起人们的共鸣，使人们对魁北克独特的旅行体验充满期待和憧憬。

这支视频上线仅两周点击量就超过了 900 万。通过该视频的传播推广，魁北克的网站浏览量也上升了 163%。这支引发情感共鸣的视频让更多的人对魁北克产生了兴趣。正如片中丹尼·基恩所说：“你知道，人们在亲吻、哭泣以及祈祷时为什么闭着眼睛吗？因为生命中最重要的事情必须通过我们的心来感受。”而这也正是魁北克推广宣传片中一直强调的“精彩本色”的意义所在。

[本文根据加拿大魁北克旅游局中国市场战略负责人罗奇·帕奎特(Roch Paquette)在首届博鳌国际旅游传播论坛上的发言整理]

辑三
城市形象与城市文化

文化是城市形象的魂塑造者

城市文化断想:传统的割裂与现实的困境

中华文化是以乡土为本位的文化,历经五千年风雨至今不衰,却也时常面临现代化转型的种种困难。譬如,根植于乡村社会的乡土文化与成形于现代社会的城市文化之间的冲突时常显现。一些城市虽然勾画了现代化的宏伟蓝图,却未能找到有效承载这一愿景的可行方案,片面地急于与传统割裂、与乡土告别,反倒让自己上下不得,犹如悬在空中。这样的例子,在城市化进程持续加速的中国当下并不鲜见。故有此四问。

一问:中国城市的文化割裂缘于何故

现代社会学奠基人马克思·韦伯对中国城市的形成有过一番解析,他认为传统的中国城市是先于资本市场形成的,城市主要是中央权力在地方的代理。与兴起于古希腊民主城邦的西方城市相比,中国城市先天便带有与乡村区隔的特点。由此纵观中国近代以来的城市发展,其中既有沿海商埠城镇的繁盛景象,也不乏贫困落后的乡村生活景观,乡村与城市的二元对立在新中国成立之后的很长一段时间里成为困扰中国经济、文化发展的重要问题。

新中国成立后,城乡之间的流动受到严格限制,无论是在经济发展上还是在文化建设上,城市与乡村的差距都在不断加大。城市所具备的工业化特质受到重视,城市依托公有制和计划经济模式而在一定程度上得到飞速发展,但城市所具备的商业化特质却被长期压制。城市被视为工业发展的有效载体，为此，“政府严格地使用户口和配给政策使城乡隔离，并在这一过程中将农村农副业的剩余价值作为城市工业的投资本钱，同时在城市发展过程中尽量削减消费性基本行业的投资，以集中精力和资源使工业化高速发展”①。

改革开放后，社会主义市场经济体制从无到有，市场因素对城市发展的推动力不断增强。此前专属于政府管制的交通、公共设施、教育和医疗卫生等领域开始有限度地向私人市场开放，外资的涌入给城市工业和商贸领域带来巨大的冲击，人口的流动成为常态，经济特区和计划单列城市的若干政策施行也在相当大程度上促进了城市的发展与繁荣。与之相适应的是，城市结构、城市景观和城市文化生态也与此前形成了较大的区别。

改革开放后，城市进入快速发展阶段，然而这一阶段的城市更多地被赋予了功能含义，提高生产力、大力发展经济建设是城市的全部意义所在，中央政府对地方官员的政绩考核也以 GDP 增长水平为主要标准。在这种情形下，无标准可考的“文化”便一直处于被动应付的状态，能够凸显经济实力和建设成果的各式高楼大厦、各类形象工程崛地而起，代表着落后和破败的传统建筑消失殆尽，城市人文环境不断被挤压。根植于新中国成立初期对城市的理解和对传统文化长期的批判和否定，使得中国城市文化的发展严重滞后于经济建设的发展。

二问：城市文化割裂表现何在

中国城市文化断裂的表现之一，是城市“千城一面”的景观形象。正如戴锦华先生所描述的那样，“以老城旧有格局、建筑物的残破与颓败负载着历史与记忆的老都市空间，日复一日地为高层建筑、豪华宾馆、商城、购物中心、写字楼、娱乐健身设施所充斥的新城取代；都市如贪婪的怪物在不断地向周遭村镇伸展。于是，90 年代中国都市的一幅奇妙景观，便是在大都市触

① 薛凤旋.中国城市及其文明的演变[M].北京：世界图书出版公司，2010：269.

目可见的重建般的建筑工地，在飞扬的尘土、高耸的塔吊、轰鸣的混凝土搅拌机的合唱中，新城在浮现成型，老城——几百年的上海或几千年的北京——在轰然改观中渐次消失……繁荣而生机盎然的、世界化的无名大都市已阻断了可见的历史绵延，阻断了还乡游子的归家之路”①。

城市文化的断裂还表现在对城市认同感的疏离上。在社会转型时期，大踏步跨越式发展的城镇化进程经常令国人产生某种措手不及之感，户籍制度改革、住房制度改革、医疗保险改革、教育制度改革等政策还都处于不断修正和改善的进程中，这些变革带给人们对未来生活的不确定感，这也是社会转型期必然会经历的阵痛。农民由农村走向城市，他们原有的乡土经验在城市生活中失效，而社会本应给予他们的安全感并没有落在他们身上。城市应该提供给人们的是像家一样的安全感和温暖感，但在保障断裂的城市里，外来群体被边缘化和异化，这些都汇聚为他们对城市的陌生与疏离感，这种令人紧张的城市体验严重阻碍了他们的城市认同。

城市文化的断裂更表现在城市文化的“无根性”上。在高速推进的城市化进程中，在人们“乡愁”记忆里的群体性价值观永久地成了回忆，原本维系整个社会道德与传统的精神纽带崩坏断裂。旧的价值体系被打破，但与现代城市发展相匹配的新的价值观还没有建立起来，而价值观是城市文化的根基，是社会伦理规范和道德传统规范生长的土壤。新的价值体系的缺失，会使“每个个体在现实生活的变迁和社会转型中很难确定生活地点和坐标”②，被城市化潮流裹挟的人们在因城市文化缺位而激起的漩涡中逐渐失去正常的理想和价值判断，对金钱、权力的崇拜甚嚣尘上。社会变迁中由于主流价值观缺位而造成的城市文化无根性，“造成了个人关系中的日常问题失范，也带来了人们自身的混乱和异化”③。

城市发展的进程中，不能缺失“人”的身影。城市为人而建，更需要由人而建。大家都知道的是，中国正在经历迅猛的城市化进程。根据我国2014

① 戴锦华.想象的怀旧[J].天涯,1997(1):9.

② 博德.资本主义史:1500—1988[M].北京:东方出版社,1986:11.

③ 帕里罗,史汀森.当代社会问题[M].周炳,单弘,等译.北京:华夏出版社,2002:33.

年发布的《国家新型城镇化规划(2014—2020年)》,“到2020年常住人口城镇化率达到60%左右,努力实现1亿左右农业转移人口和其他常住人口在城镇落户”。这也就意味着,从2000年到2020年,20年时间内,我国将有近4亿农业人口完成向城市人口的转变。

由传统社会向现代社会的转型,不仅仅发生在当代中国,一百多年前就已经完成了城市化进程的西方国家也经历过这一阶段。美国著名行政学家弗雷德·W.里格斯(Fred W. Riggs)曾把传统社会向现代社会的转型期称作“棱柱的社会”,棱柱的社会既不同于传统社会又不同于现代社会,而是传统向现代过渡的社会。在过渡社会中,贫与富、特权阶层与无产阶层共存,人们对于秩序与规则的遵守流于形式,个人成就与社会契约出现冲突,这些现象在社会转型期不可避免。“在棱柱的社会中,各种现象重叠存在。为了升迁,(一个人)不仅要靠个人的成就,而且要靠关系;办事不仅要靠能力,而且要靠地位、身份。整个社会表现出来的现象是:每种人或每个组织都多多少少有不安其分或不安其位的行为,也多多少少有越界逾线的作风。”[①]这一对转型社会特点的描绘,在一定程度上也反映了当代中国社会的现状。

国外城市发展也有如此经历,但为什么中国城市的问题会更加突出和明显?那是因为中国要用20年到30年的时间完成西方世界用了300年才完成的城市化进程,这种用时间换空间的压缩式发展,其结果就是撕裂人们对于城市发展的完整生命体验,并激化人们对城市的紧张情绪。

三问:城市人的焦虑从哪里来

故宫博物院前院长单霁翔曾说,中国城市正处在一个“对经济发展乐观展望和对文化发展悲观期待并行的发展阶段,这是一个物质的满足与精神的焦虑并行的时代”。[②] 焦虑,已成为当下中国人最直接的心理表征。

那么,问题来了:焦虑是什么?

---

① 陈立旭.都市文化与都市精神:中外城市文化比较[M].南京:东南大学出版社,2002:170.

② 单霁翔.城市文化与传统文化、地域文化和文化多样性[J].南方文物,2007(2):9-10.

焦虑是人在与生存环境作斗争的过程中产生的应激情绪。在追求高度物质文明的同时,人们不断被物质社会刺激出来的欲望、欲望无法满足的挫败感以及日渐严重的生存危机与认同危机所困扰。当人们在城市生活里遭遇的挫折、孤独和不被认同累积到某种严重的程度,或者持续很长时间的时候,他们就会开始对自身、对社会产生怀疑。个人诉求在城市社会中得不到认同和满足,会令人们对自己生活的地方——城市——产生情感断裂。这种情感的断裂,又反过头来不断加剧人们的焦虑情绪。这种焦虑情绪不断扩张,便催生出城市人浮躁、缺乏信任和崇拜物质等各种现象。

焦虑情绪的社会来源主要有两个:一个是“不公平感”,一个是“不信任感”。在贫富差距加大、各阶层不断越线打破规则的社会转型期,不公平感带来的后果是社会信任度的降低。中国社会科学院社会心理研究中心“社会心态蓝皮书”课题组分别在2011年和2013年发布了《2011年中国社会心态研究报告》和《中国社会心态研究报告(2012—2013)》。3年时间内,该课题组对北京、上海、郑州、武汉、广州等7个城市的1900多名居民进行了问卷调查。在2011年的报告中,社会总体信任程度平均得分是62.9分,结果不容乐观。当怀疑与不信任成为城市居民的思维方式时,一座城市的精神面貌和文化生态必将极大地受到影响。

四问:城市文化如何观照城市人

柏拉图曾说:“城市最大的灾祸不是派别纠纷,而是人心涣散。”①中国城市繁华表象背后所暴露出的怀疑、焦虑甚至憎恨,将民众对社会的认同、对国家的认同推向了危险的境地。这里需要指出的是,人心是否涣散不是由阶层分化决定的,而是由城市对多元文化的包容能力决定的。

改革开放后,大量农村人口涌入城镇,经过几年十几年的打拼,他们成了城市新移民。但他们虽然生活在城市里,他们在教育、医疗、社保等方面

---

① 芒福德.城市发展史——起源、演变和前景[M].宋俊岭,倪文彦,译.北京:中国建筑工业出版社,2005:126.

却与城市居民之间存在着巨大差距。

除此之外，在北京、上海、广州、深圳等富有吸引力的大城市，还有大量高学历人口。在接受高等教育之后，他们选择在大城市就业，即便收入不菲、衣着光鲜，但大城市节奏快和压力大的工作与生活，仍旧阻碍着他们在情感上、心理上与其脚下所生活、奋斗着的城市之间产生密切的关联。

一面是在大城市谋发展的强烈愿望，一面是日盛一日的激烈竞争和生存压力，"漂"成为城市新移民的自诩，也成为他们普遍的一种精神状态。不论是生活在城市边缘地带的农民工群体，还是跋涉在写字楼格子间的白领群体，他们都面临着作为城市新移民的认同问题。

"移民不只是一个单纯的经济行为，也是一个涉及语言、风俗、生活方式等方面的社会行为或文化行为。"①新移民带着自身的文化传统在城市尝试新型生活方式的过程中，如果城市没有足够的容量来承载多元文化的生态组织，这些新移民便很难找到自己与城市的关联和对城市的情感归属。而认同感的缺失，则会让城市上下弥漫着焦虑与不安的气氛。

在我国，以强调社会公平正义和可持续发展为核心的"城市包容性增长"已经成为我国公共策略和城市发展的关键词。在城市化进程和城市结构转型的发展背景下，我国城市人口流动性增强，城市多样性需求增加，城市包容性增长逐渐受到政府和民众的高度重视。包容性增长能保障城市各个群体有平等的发展机会，并让他们共享城市发展成果，这也是新时期我国城市治理的目标。

五、结语

中国的城市文化有其特殊的复杂性。有学者就曾将中国城市文化归结为四种类型："第一类是城市化进程所创造的当地文化传统；第二类是在城市向农村扩张的过程中城市化了的乡村文化；第三类是由城市移民所带来

---

① 孙九霞.族群与族群认同[J].中山大学学报,1998(1):16.

的异地文化传统;第四类是以市民意识为基础的市民文化,它不仅包括在文化工业影响下的大众文化,而且包括在社会现代化过程中形成的自由、平等、独立的价值观念和在文化现代性的确立过程中形成的创新、批判与反思的精神品质。"①

城市文化的复杂性带来了较为复杂的城市文化问题:中国城市文化中历史与现代的割裂、城市与乡村的离散、"我者"与"他者"的不合、传统价值观的追寻与新型价值观的缺失等问题,都成为我国城市文化建设过程中迫切需要解决的重大问题。

中国幅员辽阔、城市众多,每个城市都有自己独特的文化和历史发展脉络,中国的城市文化建设更需要城市管理者遵循各地的文化脉络和历史渊源,用保护和传承的态度去建设城市。恢复城市记忆、尊重传统文化,是城市管理者对待城市文化的正确态度。

劳动分工的细化催生了城市的出现,也造就了社会阶层的分化,这是城市的必然产物,不可避免。不同阶层特有的文化构成了城市文化的多样性,而文化的多样性恰恰是城市繁荣的基础。因此,面对城市化进程所带来的诸多文化问题,城市要以更加包容的心态和胸怀承载不同阶层的文化,让不同阶层群体和个人在城市里找到情感归属和身份认同,这才是中国城市走出文化困境的正确姿态。

(本文作者刘新鑫系中国传媒大学副教授,城市形象传播研究基地秘书长)

---

① 曾军.市民化进程与城市文化传承[J].学术界总第125,2007(4):23-24.

篇二

城市文化传播的“沉浸”革命

在著名城市文化学者刘易斯·芒福德的《城市文化》中译版序中，有这样一句话：“文化，是城市的生命。”

文化对于城市的重要性不论怎么强调都不为过，从人类文化发展的历史看，城市是人类文化的主要载体与沉淀池，不管是伊斯坦布尔的大清真寺还是北京的故宫，城市总是能够给予文化一定的物质载体。

从现代社会与经济发展的现实看，人类正在经历一场史无前例的城市化浪潮，这在中国表现得尤为淋漓尽致，城市虹吸了海量的经济与生产要素，成为市场经济中生产、流通与消费的主要场所，自然也就聚集了越来越多的人口，这就使得城市在事实上成了进行文化传播与展示的流量端口。换言之，文化成果只有被放置于城市这个议题之内和载体之上才能获得广泛的关注。

一方面，城市越来越成为文化的集中呈现平台；另一方面，由于聚集了大量的人并且他们之间频繁互动，城市也成了文化的生产引擎，越来越多的文化成果诞生于城市的空间之中，近些年在城市中得以勃兴的文创产业就是一个例证。

正是由于有了城市所提供的经济土壤、社会互动关系等基本要素，文化的生产才变得比人类之前任何一个历史时期都要更加丰富和迅速。既然城市与文化之间具有天然的粘连性，那么文化在城市中被生产出来之后就必然面临一个关键问题，即传播的问题。

文化的发展与传承不是空洞的，而是根植于一个个鲜活的生命体中，没有了传播,文化就不可能在人群中广泛扩散,人们也就不可能接触到文化成果,这一点放在现代社会中表现得尤为明显。任何文化成果,如果没有形成传播力,就不具备生命力和持续发展力,《国家宝藏》的爆红对于文化传承的意义无论怎么讲都不为过。

传播,是文化自古以来得以存续的重要保障,也是文化在当代媒介与技术社会中获得发展的基本条件,可以说没有传播就没有文化。如同"一千个人眼中有一千个哈姆雷特"一样,文化与城市的共处关系也是千姿百态的。不同城市的历史积淀、发展脉络等在很大程度上界定了文化的存在形态与传播方式,而文化与城市共处的这种个性差异也赋予了城市文化本身更多的魅力,否则观一城便如阅千城。

城市文化的传播涉及很多方面,自然也赋予了外界丰富的审视与切入视角,看待一个城市与文化的共处状态,可以从天时、地利、人和三个角度去观察。

天时,中国目前正在进行一场人类历史上罕见的经济建设与城市化浪潮,涉及人口之多、涉及地域之广,无出其右。这场城市化浪潮如何将文化与经济发展、城乡融合等国家命题有机地结合,是摆在中国很多城市面前的一道考题。

机遇与挑战并存,经济建设与城市化浪潮赋予了城市管理者更多的资源与手段,但同时也给他们带来了新的考题,如何交上一份合格的答案,这就有赖于各个城市的自身禀赋和后天努力。

地利,中国的发展不是一城、一地的发展,是全国各地区的协调发展,如今的东部已然比肩发达国家,而广大的中西部却仍然任务艰巨。当东部地区完成了经济发展任务,可以在文化上闲庭信步时,广大的中西部地区如何在完成繁重的经济建设与发展任务的同时促进文化的繁荣与传播,如何做到城市的硬实力与软实力协调进步,如何在经济水平差异巨大的城乡之间实现物质文明与精神文明的双丰收,这些问题没有现成的答案。东部地区的经验也许可供参照和借鉴,但一切都还要靠自己。

人和,城市的发展不是城市管理者在炫耀与彪炳政绩,而是要惠及城市中的每一个人。只有实现了人的发展,城市的发展才有活力与可持续性。

成都无疑在上述三个方面都有令人惊喜之处。在天时上,成都发挥了鸭子凫水精神,GDP 已经进入全国城市前列,城市形象的品牌传播做得有声有色,Panda City 早已名声远播海外。

在地利上,成都已经成为中国中西部发展的关键节点与中心城市,成为拉动中西部经济增长点的重要火车头,在城乡融合、文传发展等方面都形成了自己的特色与亮点。

在人和上,"安逸"并不仅限于成都人的口头禅,而是成了新时代成都包容并蓄、开放融合城市精神的生动体现。成都如同一面镜子,透过它我们可以看到城市发展与文化传播的万花筒。

一、城市文化传播的基本命题

回到本文关注的话题——城市文化传播。我们都知道传播对于文化的意义十分重要,那么如何将文化与传播进行结合呢?这就涉及两个基本问题:传什么与怎么传,第一个是内容,第二个是方法。城市文化是人类文化的重要组成部分,自然也面临同样的问题。

从内容的角度看,选择什么样的文化内容进行传播是首要问题,从某种意义上讲,所选取内容的特点决定了如何进行传播。城市文化包含了软、硬两个方面。从硬的方面讲,城市文化主要集中在物质与视觉层面,比如历史遗迹、人文名胜与城市建设等,它们作为直接的视觉沉淀物成为城市文化的硬性符号,视觉冲击力强,比较直观。从软的方面讲,城市文化包含了城市气质、公众认知与市民精神,比如成都在公众认知中往往与"休闲"联系在一起,而"休闲"这个词在四川方言中就是"安逸",这在很大程度上可以被视为是成都的城市气质,也是成都在公众心目中的认知定位,更是成都市民日常的生活状态与思维特点。

从方法的角度看,传播是城市文化对外释放与沟通的主要渠道,随着人类经济与技术的发展,传播会在不同的阶段呈现不同的方式。在这些变幻的传播方式中,人是永远的主体,技术与工具则是不同历史阶段生产力发展水平的结果。

以成都为例,古代杜甫“安得广厦千万间,大庇天下寒士俱欢颜”的名句千古流传,它不仅为成都留下杜甫草堂这样的城市文化地标奠定了文化基础,更使得“诗意成都”有了来自历史的根基。值得注意的是,宽窄巷子不仅仅是一种历经漫长岁月洗礼的珍贵历史遗留之物,更是流传千古的杜甫名句的绝佳视觉诠释。从这个意义上讲,软性的符号可能比硬性的符号更能够经受住岁月的洗礼,而软性文化符号则构成了城市文化传播中的软实力。

二、城市，巨大的文化感官

前面已经讲述了城市与文化之间的密切关系,城市为文化的生产提供了坚实的物质基础、丰富的载体形态以及集聚的受众,从人类文化发展的历史来看,城市是生产、保存与传播文化的最佳路径。

城市的发展态势、水平与取向在很大程度上会影响文化的生产与承继。在农业文明时代,由于社会依赖上天的恩赐(气候、降水与土壤等),所以在当时的人类城市中有很多承担向上天祈祷的功能的建筑,这一点在东、西方都有明显体现,中国的天坛、玛雅人的神庙等,这些建筑上面都沉淀了大量的文化内容与因素,它们扮演的是沟通天、人的角色。

进入工业时代,人类有了科技力量的加持,改造外部世界的能力大为增强,日夜不息的流水生产线、巨大的厂房以及高耸入云的摩天大楼成为城市的主要物质形态,它们折射出的是人类“敢叫日月换新颜”的能力与自信,扮演的是人类改造自然界的成果的展览馆角色。正是在这种漫长的历史长河中,城市与文化的关系逐步接近、水乳交融。

但在当下,城市与文化的关系似乎有了新的可能。

按照鲍德里亚的说法,我们身处在一个符号时代,每个人被各种符号包围,人的社会位置也被用符号加以衡量。人类对符号的接触需要通过自己的感官来实现,所以感官的重要性比以往任何一个历史时代都更加突出。

感觉器官不仅是人类与外部世界得以交流与沟通的重要媒介,其自身也在被集聚、扩充,以至于整个城市成了一个巨大的感觉器官。人们通过城市这个感觉器官去感知整体的外界环境,我们每个人都身处城市这个巨大的感觉器官之中。

人们通过城市中丰富的媒介信息来了解天气、交通出行与职场招聘,企业通过城市对经济与生产要素的集聚功能以及对产业链条的吸附能力来对接客户、遴选供应商与寻找新的增长点。离开了城市,人们的生活与工作便无法正常进行,企业的商业经营与活动也会陷入瘫痪状态,市场资源、生活要素与信息资讯都高度依赖城市的存在,从某种意义上讲,城市已经成为我们每一个人的感觉器官。

城市不仅是我们每个人的感觉器官,更是无数个这种个体感觉的抽象化。换言之,城市自己也成了一个感官现实,就像一个巨大的场域,包含了我们每一个身处其中的个人和组织。

在城市中,任何个体对于外部世界的感知方式与内容都会受城市这一巨大感觉器官的影响,但这种影响微妙到甚至于个体本身都很难察觉。比如城市通过基建扩张拉长了地理距离进而影响到了人们对于距离与时间的敏感程度,现在,在横穿整个城市去上班的路上耗费1—2个小时已是家常便饭,而这放在以前是不可想象的。

人们日夜处在城市这个巨大的感觉器官之中,就像身处一个巨大的迷城,自身的行为、思想与观念正在被默默地重塑与建构。在城市中生活的人不能理解和接受没有水电的日子,也无法面对周末没有餐馆、电影院与购物中心的状况。

城市容纳了数不清的个体感觉器官,这些个体感觉器官又通过城市的组织形成了一个整体的感官系统,城市成为这个巨大的感官系统的承载体,个体感觉器官通过城市感觉器官去感知外部环境与世界。城市,已经成为现代人的文化感觉器官。

将城市视为一个整体的文化体验空间,从“沉浸”入手去建构城市文化传播的范式,此种思路在以往的中国城市文化传播实践中是稀缺的,但并非每个城市都具备这样的操作条件与基础,而文化与城市的共存状态无疑是一个重要的前提条件。在有些地方,城市与文化是撕裂与对立的,在有些地方则是扭曲与脱离的。

三、城市文化传播的新革命——沉浸式共存

城市已经成为一个巨大的感官系统,每一个人都身处其中,城市本身已经形成了一个巨大的穹顶式空间,无人能够置身其外,它无处不在、如影随形。在城市这个巨大的空间池中,人与物体更像是深陷其中,四周就像被水泡着一样。

“沉浸”成为人与城市、人与文化、文化与城市共存的主要形态,在这个沉浸状态中,人、文化与城市三者的边界在逐步消弭,人成为文化与城市的主要感知主体,文化成为连接人与城市的主要纽带,而城市则成为承载人与文化的容器。

既然“沉浸”成了当代城市与文化的主要存在方式,那么我们在看待城市、文化与传播的关系时就不可能忽视这一重要特征,而其中的关键是如何理解“沉浸”这个概念。“沉浸”包含了两个方面——体验与场景。

体验主要指我们在与客观事物接触的过程中所形成的心理感受与认知,比如我们在一个餐厅就餐享受到了很好的服务,心情很愉悦,这就是一个好的体验。体验会影响到我们对外部世界的看法,如果我们就餐时遇到了恶劣的服务,那么我们的心情就不会好,体验感也就会很差,导致我们对这家餐厅的印象不好,在向别人诉说时可能就会强化这一点。

在互联网经济发展的今天,线上与线下融合,尽管各种业态千差万别,但它们大都是通过产品或服务与人发生关联的,用户的体验对于一个商业机构的产品或服务的市场表现是至关重要的。

体验可以影响用户对特定产品或服务的心理认知,并通过他们自己的社交网络形成口碑辐射与影响。体验既是用户与特定产品和服务发生关联

的主要通道,也是用户评价产品和服务质量的考核标准,这一点放在人与城市、文化之间的关系上也同样成立。

通过体验,人们可以感知城市与文化的存在;通过体验,人们可以触摸城市发展与文化迭代的脉搏。南京夫子庙中的科举博物馆通过设置九曲回转的书简长廊,让参观的公众在刚步入时就能够感受到存续千年的中国文脉的强烈冲击,在刻意设计的长廊中感受到科举的漫长历史与每一个参与个体的艰辛,参观者也因此对中国科举制度的发展印象深刻,对南京夫子庙乃至南京作为“东南文都”的心理认知更加强烈。这个就是典型的通过用户体验设计去增强城市文化传播效果的案例。

要做到真正的“沉浸”,除了要关注体验这个环节外,还需要注意到场景。“场景”这个词原本用于影视表演领域,在互联网时代被借以指代特定的时空维度下人与物的关系,通俗地讲就是什么人在什么时间和地点会做什么。如果说体验是人感知外部世界的主观通道,那么场景就是管理与记录人类体验感受与行为的客观框架。

通过场景的划分,我们可以清楚地看到人们在不同时间、不同地点对同一事物所形成的差异性体验结果,比如我们在口渴的时候对于饮料的需求强度远远大于平时状态,对于饮料口感的认可度也远强于正常状态,这也是很多饮料的广告片往往将消费背景设置于炎热天气、口干舌燥等场景中的主要原因。

场景不但可以量化管理人的体验,更可以激发、引导、增强人的体验感。如今遍布各个城市的超级购物中心,通过自己巨大的体量营造了一个无所不搞的巨型消费场景,人在这个场景中可以找到自己需要的即时性服务和产品,包括餐饮、娱乐、购物等多种消费。这种巨大的、封闭的物理空间不仅可以给人们提供一个舒适的、无处不在甚至可以说360度环绕的立体式消费场景,更为重要的是可以激发人的消费欲望,强化人的消费体验。在这个巨大的消费场景中,人的体验感会被无限拉伸,对时空的敏感度会被降低,很多人可以在其中消磨一整天而浑然不觉时光的流逝。

如果把这种超级购物中心放大,我们会发现整个城市也变成了一个更为巨大的场景。在城市这个巨大的场景中,文化可以是一个个具体的体验点位,也可以是由点到面的体验流程,更可以成为囊括消费、教育、出版等多种业态的综合体验场。在城市这个巨大的场景中,文化的传播呈现出全域、全要素、全维度的特征,文化的体验可以出现在城市的任何一个空间点上,比如城市商圈、绿道以及交通工具,文化的体验也可以成为任何一个与城市相关的刷屏事件。

城市文化的沉浸式场景必然给人们带来全场景、全体验与全感官的冲击,人们浸润在城市文化中,身处城市的地理空间内,在行为上更加追求体验的价值感,同时与城市这个场景的结合程度也日趋紧密。

四、成都的存在意义

体验经济时代,城市正在逐步成为一个巨大的体验平台,哪个城市能够最大限度地接近这一方向和趋势,哪个城市就能够将自身文化融入这一巨大的体验式场景中。

放眼全国,成都无疑具备了这一潜质。相较于国内其他城市的文化,成都的城市文化是一种人文浸润式文化,像一滴滴雨露一样浸入了这个城市每一片砖瓦与墙壁的缝隙之间,浸入了每一个成都市民的毛细血管之中,浸入了成都的每个社区、文化街道与城乡融合之中,成都事实上已经成为一个巨大的沉浸式文化体验空间。在这个空间里有物质文化形态——历史的与现代的,新城与老城;也有虚拟文化形态,成都人的安逸与开拓,诗意与享受。成都不仅完整地保留了自身的文化基因,也在无意间契合了当下互联网时代体验至上的发展趋势。

城市文化的传播并不是无为而治,而是需要顶层设计与来自上层的强力推动,要靠它们把散落在城市各个角落与阶层中的文化碎片整合起来,把分布在历史长河与现代生活中的文化现象抽象出来,从而形成有关城市的文化主脉。令人欣喜的是,我们在成都看到并深刻体会到了主政者在城市文化传播中的重要角色与作用。

成都市委市政府提出要以“天府文化”作为成都城市文化的引领性概念，这绝不仅仅是一个抽象的词语，而是一种超前的意识，即把对“天府文化”的塑造和传播视为城市文化战略的重要部分，通过文化的亲和力与渗透力来关联城市内外的人群，通过文化的粘连性来实现对城市各要素的整合，以文化传播城市，以文化承载城市，以文化滋养城市。成都，无疑将在以上几个方面带给我们期望与可能。

以往我们提到文化的传播，容易犯两个毛病：一个是虚无主义，一个是狭隘主义。

虚无主义的表现是一谈起文化的传播就往往止于字面的解读，经常以概念来解读概念，搞得看的人一头雾水、不知所云，做的人孤芳自赏，文化与实际操作成了两张皮、不落地。狭隘主义的表现是一谈到文化就把其限制在一个小范围里，比如说对于文化的呈现，往往局限于少数几个视觉符号，大家对成都文化的联想就是川菜中的夫妻肺片、川剧中的变脸以及大熊猫。其实这种狭隘化在很大程度上限制了文化的演绎空间与呈现形式，最终会造成文化传播在元素上的内卷以及在形式上的单调、枯燥和重复。

成都的城市文化并没有浮在表面，而是浸入到了城市的每个角落与每个人，对于成都城市文化的解读也绝不仅仅限于川剧、川菜等。乡村基于自身资源禀赋所进行的文创产业赋能向我们展示了如何在城乡融合与文化传播之间取得最大公约数，城市绿道与文化长廊的共生共融也使得我们明白了文化其实可以成为老百姓生活的一部分，社区咖啡馆的公益运营也探索出了一条社区服务与文创融合之间的双赢之路。

做文化说到底是靠人，再进一步说是依赖人的视野与思维。打造具有超越地理范围与空间限制的文化，不仅需要强有力的传播手段与工具，更需要有跳出自身的勇气与意识。本地人谈本地文化总是津津乐道，但这种文化放置于外部是否仍然具备同样的影响力与认同度就很难说了。

换言之，从外部角度去审视和看待自身的文化，或许可以为本地文化的传播找到具有普适性的内容要素，或许可以探索出有关城市文化传播的具有较强市场竞争力的工具箱与方法论。从这个角度看,本次中国传媒大学旅游传播研究中心(丁俊杰团队)与成都市在“天府文化”传播上的合作,无疑是探索城市文化传播新路径的绝佳机遇,也必将为中国城市文化的传播打造新的范例。

(本文作者刘祥系中国传媒大学广告学博士,中国传媒大学广告学院旅游传播研究中心研究员,中国广告协会学术委员会委员)

特色小镇建设的五个着力点

2019年7月,住建部、国家发改委、财政部联合下发了《关于开展特色小镇培育工作的通知》,提出到2020年培育1000个左右具有休闲旅游、商贸物流、现代制造、教育科技、传统文化、美丽宜居等特色的小镇。10月中旬,住建部又公布了“第一批中国特色小镇名单”,鼓励多样化特色小镇的建设。12月12日,国家发改委、国家开发银行、中国城镇化促进会等机构联合下发了《关于实施“千企千镇工程”推进美丽特色小(城)镇建设的通知》,这种“政府引导、企业主体、市场化运作”的新模式有助于促进镇企融合发展,为社会资本参与特色小镇的建设搭建了有效的对接平台。

近几年,浙江、上海、北京、成都等地也纷纷响应特色小镇建设的号召,出台了地方政策助力特色小镇快速发展,尤其是在浙江特色小镇不断取得成绩的同时,各地也兴起了建设特色小镇的热潮,但其中也不乏一哄而上、缺乏科学规划、缺乏内生动力等问题。特色小镇究竟应该如何建设?应该从哪些方面着手?这些,都是需要着重考虑的问题。

一、特色小镇贵在服务在地

发展特色小镇,是探索科学推动小城镇发展的方法之一,也是在我国经济新常态下,培育供给侧小城镇经济转型,促进创新创业,应对小城镇新需求新消费的重要方式。特色小镇要根植于本地的文化资源禀赋,结合自身发展特点,发展不同于其他小镇的产业,用“精而美、小而特”的新兴产业和经济形态避免以往传统产业资源消耗大、利用率低、集成度不高等问题。特色小镇的建设从规划、引入产业到产品、服务输出、消费,都离不开本地的支撑,但目前的特色小镇建设却出现了服务外地游客、忽视本地需求的问题,让本地居民在配合进行各项建设后却难以在生活质量上得到提升,难以享受到基本而有保障的公共服务。

特色小镇应具有特色鲜明、产业发展、绿色生态、美丽宜居的特征,特色小镇建设的应是“生产、生活、生态”融合的小镇,是改善人居生活环境、完善公共文化服务、符合人的城市化规律的小镇,是本地人追求的在优美环境中诗意栖居的新型小镇。特色小镇不等同于旅游小镇,小镇在发展旅游业等业态服务外地消费者的同时,也应增加本地居民的消费,引导本地产业服务本地居民,提供适宜本地消费者的产品和服务,提升本地居民的生活和消费水平。

在推进新型城镇化方面,特色小镇的发展是就地、就近城镇化的战略选择。如今随着城市的扩张,城市问题越来越严重,特色小镇的建设可以让本地居民除了外出就业还可以在本地就业,从而既解决大城市的问题,也促进小城镇的发展。这就需要在特色小镇的培育过程中注重本地的生产、生活需要,让本地居民和外地居民、小镇居民和城市居民共享高品质的生活。

小镇青年是未来消费的主力军,小镇青年正在崛起,他们正逐渐成为电影市场的主力,有数据显示,2015 年,来自三四五线的小镇观众贡献了 36% 的票房。随着城镇化进程的加快,城市与村镇物质生活水平之间的差距在缩小,更明显的是互联网带来的信息共享和资源的快速传递让小镇居民看到了更广阔的世界,他们不仅在物质生活方面有了更高的需求,在精神生活方面也有了更高的需求。面对这样庞大且重要的小镇本地人群,小镇一方面要做好基础设施等公共文化服务提供工作,满足本地居民的生活所需;另一方面要提升本地产业的内生动力,调整产业结构,提升小镇文化的吸引力和影响力,引导当地文化产业服务在地百姓。

二、特色小镇特在创意营造

特色小镇的独特之处就在于“特色”，根据各地情况的不同，可以“特”在资源上、“特”在文化上、“特”在环境上、“特”在产业上，特色小镇的建设是解决我国目前“千镇一面”问题的有效方式，是引领经济新常态的新探索和新实践。特色小镇的培育也应遵循创新、协调、绿色、开放、共享的理念，在有限的资源和空间内进行具有特色的产业开发，这就需要在创意营造方面发力。创意是特色小镇区别于其他传统小镇的核心要素，也是特色小镇最明显的特征，小镇的创意营造不仅要将创意作为价值观和生活方式，还要将创意作为创造性表达的手段，将其转化为可以带动本地经济增长、创造就业的发展动能。

“千镇一面”是我国城镇化进程中广受诟病的一种现象，城镇建设千篇一律，盲目跟风，缺乏本地文化的特色，缺乏对本地形象的创意塑造。特色小镇遍布我国大江南北，各地的资源禀赋不同，人文历史环境不同，经济发展条件各异。只有将这些情况调查清楚，因地制宜地进行创意营造，才能建成“有特色、有文化、有活力”的特色小镇。

国外学者针对创意城市的形成要素提出过不同的观点，如兰德利(Landry，2000)的七要素理论认为，人员的品质、意志与领导的素质、人力的多样性与各种人才的发展机会、组织文化、地方认同、都市空间与设施、网络动力关系都是重要因素；霍斯博(Hospers，2003)的三要素理论则认为集中性、多样性和非稳定状态可以增加城市创意产生的机会。特色小镇虽与创意城市不同，但它们在创意人才的培养、创意空间的设计、创意的多样性等方面都具有相通的地方，都应不断推陈出新，优化产业结构，改善生态环境，通过创意营造吸引更多的人来到特色小镇生产、消费和体验生活。

浙江乌镇曾经是只有一张“茅盾故居”文化牌、少有人问津的小镇，随着东栅、西栅的先后开放，乌镇的创意营造逐步展开。2013 年以“映”为主题的首届乌镇戏剧节新莺初啼；2014 年世界互联网大会首次在乌镇召开，聚集了来自100多个国家和地区的1000余位嘉宾和互联网巨头;2016年乌镇又迎来了国际当代艺术邀请展。这些都充分体现了特色小镇乌镇的包容性和创意营造活力。

三、特色小镇优在品牌产业

品牌构建是品牌形象建设和传播的过程,特色小镇优在品牌产业,就是强调打造特色小镇必须重视发展具有独特吸引力和品牌竞争力的产业,让品牌这一无形资产助力特色小镇吸引更多有实力、有特色的企业聚集于此,从而形成具有小镇本地特色的产业集群。"一镇一品"是很多特色小镇成功的关键,像乌镇的"互联网小镇"、德清的"钢琴小镇"、崇福的"时尚皮草小镇",这些小镇的品牌产业定位都与其自身的固有文化和资源基础相结合,并且具有极大的产业价值。因而,整合特色小镇的文化、产业资源,挖掘小镇品牌的核心要素,梳理小镇品牌的核心价值,科学定位小镇的品牌产业,是特色小镇产业发展的首要任务。

目前,我国的小镇大多内生动力不足,小镇内缺乏产业支撑,20世纪80年代我国提出了"一村一品""一镇一品"的建设主张,强调重视小镇的经济建设和产业发展,这一经验在我国的珠三角、长三角乃至中西部地区都取得了一定的成效。特色小镇也重视产业的发展,更重视品牌产业的培育,但同之前有所不同的是,特色小镇更为关注新兴产业、商业、贸易、旅游业等服务业和创意产业的品牌建设,而特色小镇的特色应更多地体现在这些品牌产业上,为小镇的文化传承、宜居宜业、生态保护等方面作出应有的贡献。

特色小镇应做到"有名有实""人无我有""人有我优""人优我特",坚持"以产立镇、以产带镇、以产兴镇"。产业就是特色小镇的灵魂,小镇产业的选择要适应小镇自身的发展,要具有绝对优势,品牌产业还应具有带动其他产业发展的带动作用,同时具有创新能力,与生态环境相协调,满足市场的现实需求,具有一定的发展潜力。

四、特色小镇长于包容增长

我国正处于经济增长方式转变、产业结构重要调整的关键时期，我国的经济增长也将从依靠外需型增长转为依靠内需型增长，在世界经济危机过后，世界经济虽然逐渐回暖但也不容乐观，特色小镇观念的提出也是在国内外复杂背景下应对各种挑战的战略选择。特色小镇长于包容性增长，而包容性增长的基本内涵就是公平性的增长，从而包容更多的人群和地区，让经济增长成果不仅为一部分人、少数人所享有，也让更多普通人的生活水平和质量得到显著提高，让人们过上幸福的、有尊严的生活。

特色小镇是大中小城镇协调发展的有机组成。新型城镇化的发展要求促进大中小城镇协调发展，特色小镇并不是一个"镇"的概念，但其在功能上可以起到连接城市和乡村的纽带作用，特色小镇可以根据自身条件发挥自身优势，结合地方资源、地域、文化等优势发展特色产业，在避免城市发展问题，总结其发展经验的同时，充分挖掘自身的特色，适应当地的消费和文化需求，保护好自然生态环境。

特色小镇是坚持"以人为本"的小镇。新型城镇化的发展要坚持以人为本，特色小镇是实现新型城镇化的重要方式，因而也秉持着以人为本的发展理念。特色小镇的发展不仅体现在产业带来的经济效益上，也体现在人居环境、社会保障、生活方式等方面要以人为本。小镇在建设特色小镇时就应关注不同人的不同利益和需求，加强基础设施和公共文化服务，有效地传承小镇的文化，留住乡愁，吸引人才和企业，推动特色小镇的全面发展。

特色小镇是生态宜居、可持续发展的小镇。特色小镇的发展不能只注重经济规模的增长，还要保持生态的可持续性，将生态文明贯穿于整个小镇的建设中。特色小镇的绿水青山就是金山银山，借助互联网和现代科技手段，生态优势也可以变为产业优势和经济优势。

特色小镇是内生动力十足且生命力持久的小镇。特色小镇在自身整合资源，进行产业提升，打造内生性空间平台的前提下，在政府政策支持、资金投入和小镇核心产业的支撑下,可以通过协调当地居民需求和自然生态环境之间的矛盾,建设包容增长、具有持久生命力的特色小镇而非需要持续大量资金投入的新建型小镇。

五、特色小镇重在文化治理

各地特色小镇发展正热,但其中也不乏因粗放式、破坏性开发而破坏了当地文化多样性,因缺乏科学规划或执行的强制性而导致规划方案与发展规律之间不协调,或小镇政策与居民需求不对应等问题,这些问题无疑阻碍了特色小镇的健康发展。

文化治理已经成为现代治理的一部分,日渐渗透到社会的每一个角落和价值领域。如今,文化治理已渗透到产业发展中,透过文化和以文化为场域达到治理的目的。特色小镇也应重视文化治理,"通过采取一系列政策措施和制度安排,利用和借助文化功能用以克服、解决问题的工具化,对象是政治、经济、社会和文化,主体是'政治+社会',政府发挥主导作用,社会参与共治"①。

特色小镇的文化治理的关键在于激发社会活力,只有加强居民、企业、非政府组织各方的治理能力和水平,才能形成小镇共治的格局。政府要简政放权,转变职能,构建现代化治理体系,完善公共文化服务体系,为居民提供优质的文化服务,通过文化传承、文化牵引、文化培育加强小镇的社会整体文化治理水平。小镇居民要发挥社会力量,主动提升自身的文化素养。小镇政府要进一步激发居民的文化创造力,让他们形成文化自觉,提升文化自信。小镇企业要激发市场活力,提升小镇的产业竞争力和影响力,承担社会责任,参与公共服务的供应。小镇非政府社会组织要协调各方,调动多主体的积极性,协调各方利益并使其成为小镇治理的润滑剂,筹措基金,为居民发声,提高小镇的整体治理效率。

---

① 胡惠林.国家文化治理:发展文化产业的新维度[J].学术月刊,2012,(15).

小镇治理不仅主体多元,且结合本地实际,本土化、常态化、网络化、生态化是其主要特点。各地小镇情况不同,治理模式自然各有差异,但构建内部资源与外部资源融合的生态是实现小镇文化治理的重要手段,小镇各主体可以在搭建的平台上进行常态化的适时沟通,倾听各方的声音,从而形成小镇文化共治的崭新格局。

(本文作者卜希霆系中国传媒大学文化发展研究院副院长)

城市色彩:表述城市精神

城市规划是一门综合的学问,涉及方方面面。当城市规划成为一门艺术时,红、黄、蓝、绿,五光十色,这是建筑的颜色,也是城市的色彩,透过三棱镜折射这个世界的沧海桑田。从此,人们感知一座城市时又多了一种可能。2015 年 12 月 23 日,由中国传媒大学亚洲传媒研究中心城市形象传播研究基地主办的“读城 · 思享沙龙”活动第二讲成功举办。中央美术学院博士、视觉艺术高精尖创新中心研究员王京红围绕其专著《城市色彩:表述城市精神》,为大家精彩解读了城市色彩与城市精神之间的关系。以下为此次读书沙龙的实录整理。

一、色彩是一种可以表达精神的语言

37 年来,国家首次召开城市工作会议,将我国对城镇化的重视又提到了新的高度。城市实际上是活的生命,就像人一样,除了外在面貌,还有精神。但我们用语言来表达城市的精神是有困难的。我们日常说的语言是一种概念性的语言,叫作“小言”。而真正能引发人联想和想象的语言,是“大言”。“大言”是什么?是诗歌,它能够用来表达城市的精神。那形式层面的语言呢?有没有能表述精神的呢?我们会想到形状和色彩。但形状在空间中会发生透视变形,这种变形会打断情感的通路,我们必须进行理性思考才能最终把握形状。然而色彩不同,它能直达心灵。满天云霞,总会让我们浮想联翩。那些色彩什么也没说,又什么都说了。

二、色彩中的城市，城市中的色彩

按惯常的思维，人们用色相来区分城市，有红色的城市、蓝色的城市、金黄色的城市、灰色的城市、黑白色的城市等。最让人感兴趣的是彩色的城市。比如希腊彩色的城镇，那里有这样的植被、这样的海洋、这样特别强烈的阳光，它们要是使用浅淡的、灰色调的、柔和的色彩，那些色彩就会很快被阳光冲刷掉，源于实用的做法经历代积累，成为地域的用色喜好。可见，城市的色彩来自当地的自然和人文背景。其实，彩色的城市好比植物园中的花朵，虽然吸引眼球，但不是最大量的。多数城市没有这些艳丽的色彩，但都有城市色彩。城市色彩是一种广义色彩，它不只是色相的问题。对于城市色彩来说，明度第一，关系最重要。每个城市都有个明度框架。比如中等光亮的城市，明度的层次像台阶一样，黑白灰是渐次变化的。

三、广义色彩是“五觉”的，价值超越外在美

前面提到了“广义色彩”这个概念，这里详细说一说。我们常常从色相、色彩的鲜艳程度来思考色彩这件事。实际上色彩的涵盖是非常广泛的，它是“五觉”的。除了“视觉”，我们经常在看到某些色彩时会联想到“听觉”的旋律；有的色彩看起来似乎是可以吃的，是有“味觉”的；有的色彩也会让人想到某种气味，产生“嗅觉”的体验。“质感”不应该从色彩中剥离出来，所以广义的色彩，是摸上去或粗糙或光滑、有不一样的感觉的。

广义色彩的价值是超越外在美的，它是内在精神的外在表现。它的价值体现为它联系着物质与精神，因为它可以进行物质操作。诗歌只能去听、去欣赏、去吟诵，然后让我们去想象，它不能进行物质操作，但是色彩可以。我们通过选择物质空间的材料，定下某些色彩，营造出空间的氛围，给人别样的体验，色彩就在不言不语中就表述了精神。

四、从人与自然的角度审视城市色彩

城市色彩是广义色彩的一种。广义色彩是“源自天地、关照人心”的，它根植于中国哲学。这是广义色彩理论最重要的两点。第一，它是源自天地的，这个我们后面会展开。第二，它是关照人心的。天、地、人都在这里，实际上这是一个基于中国哲学色彩观的理论探索。为什么说源自天地？因为我们的城市都生长在这片土地上，都在阳光的照耀下。

第一个维度——天光。按照理想天空色彩分布图，我们把城市分为光亮的城市、中等光亮的城市、阴影中的城市。某些光亮的城市可以大胆使用高纯度色，如拉萨；中等光亮的城市则更擅长表达质感，如罗马；针对阴影中的城市，一种解决方案是运用“勾边”的方式增加其清晰感，如阿姆斯特丹。

中等光亮的城市是数量最多的，像北京，它最需要做色彩设计。用科学色彩观的工具去分析，中等光亮的城市的色彩几乎涵盖了整个色三角。一般大面积的主色会出现在中间区域；辅色在明度比较高和比较低的区域都有，于是黑白灰的层次都有了。为了增加它的色感，可以加一点高纯度的东西。当然，如果不加，至少明度的框架在这里了。至于色相，从视觉平衡的心理需求出发，体量巨大的城市需要色相环中的所有色彩。当然，一个城市中总会有某些色相出现频率高、面积大，它跟这个城市的精神气质有关。现在，对于大量的中等光亮的城市，很多时候我们忽略了其城市色彩的规划和具体建筑的色彩设计，非常可惜。我们看到，这类城市的色彩范围宽广，设计之后，会产生极其丰富多样的效果。这是一个非常广阔的天地。

第二个维度——土壤。20 世纪 50 年代，国家组织了全国地质土壤普查，把各地土壤样本都收集回来。我在土壤真实的分布范围画上真实标本的颜色，得到了这张全国土壤色彩分布示意图，惊喜地发现它暗合了中国五色土的规律。我们看到，中间是黄色，南边是红色，东边是青色。为什么是青色？因为这部分地区农耕的时间更长，很多水稻土，水稻土就是偏青色的。西边偏白色，北方则是黑色。

之所以研究这张图,是想从色相冷暖的角度来研究城市,因为城市是生长在这片土地上的。我们的植被和建材多数是从土壤中来的。我们今年参加了一个国际色彩博览会,团队从各地取土回来展示,真实的土壤标本色彩跟图上画出来的非常接近,这再一次验证了我们的研究。

第三个维度——植被。南方植被阔叶多汁,所以看起来鲜嫩,纯度和明度都很高。从北京到承德我们可以明显感觉到,针叶的植被更多了,明度降低了,纯度也相应地低了。把这些东西放到中国地图上就会发现有明显的规律,从南到北以及东北,纯度和明度降低得非常多。

于是,我们可以从纯度角度研究城市。不同纯度的城市,像低纯度的城市有日本的城市、我国的张家口等。纯度和干湿也有极大的关系,如张家口的低纯度是因为干燥。我们还可以从对比关系的角度来研究城市的纯度,比如鲜灰强对比的北京。明清时期的北京,紫禁城辉煌灿烂,黄瓦红墙被周围青砖灰色的四合院衬托着。当时的北京属于光亮的城市,大自然具有鲜灰强对比的规律,人为建造的城市符合这种规律,便成为大地上的艺术品。湖南的红土纯度比较高,加上雨水丰沛,雨后所有的色彩都会鲜艳起来,纯度都升高了。所以,从对比关系上说,湖南的城市是鲜灰弱对比的城市。

第四个维度,也是非常重要的一个维度——人文。由于广义色彩是源于天地的,人文色彩与地域有极大的关系。所谓"文",就是多样性,不同地方的人们有不同的生活方式,而衣食住行是生活方式的最好体现。衣食住行里边的"住",是建筑,它决定了人眼看到的最大面积的色彩,所以"住"对人文色彩的影响最大。东北的民居、北京的四合院、南方的徽派民居、广东的古村落、贵州的苗寨、云南的古村落、西藏的雕房、哈萨克的毡房、蒙古族的毡房、黄土高坡的窑洞,它们都有深深的人文色彩烙印。

我们把衣食住行放到地图上,就会发现极大的规律性。在游牧区域,广袤的大自然是主导因素,人文色彩模仿自然。在农耕区域,北方和南方有一个明显分界,因为大多数地区的语言不同,不是一个语系。把衣食住行中的服装、食品和交通工具等小面积的色彩放在"住"的色彩大背景下,这样,我们就能把城市从人文色彩的角度分区开来。当然,有一个前提,我们的研究找了个断面,是在明清城市体量的前提下进行的。虽然当今的生产方式、城市体量都发生了巨大变化,但这个研究能帮助我们找到文化的源头。

人文色彩和自然色彩是宏观层面城市色彩的大背景,人文和自然骨肉相连。在这样的前提下,从不同维度把城市归为不同类型并加以排列组合,一定不会出现“千城一面”的情况。

五、人是色之母，光是色之父

最后,研究城市色彩最重要的,是探索城市色彩怎样关照人心。那就需要从人的体验、人的感知角度切入。我们将用“色彩力”的概念去研究色彩对人产生的影响。

我们讨论城市色彩、建筑色彩,需要从建筑说起。老子说:“凿户牖以为室,当其无,有室之用。故有之以为利,无之以为用。”“当其无”,是说中间空的时候才能有房间的用途。我们造房子,建起一片片的墙,但我们的目的不是这些墙,而是中间空的部分。这些房子组成了城镇,也是外部空间——那些空的街道、广场是我们能用的。所以,城市色彩研究的是虚空的东西。我们虽然设计的是墙面色彩,但针对的是人在虚空中的色彩感受。在这个虚空中,充满了墙面颜色反射的电磁波,人在电磁波的浸泡和包围中感受、体验到某种氛围、意境。

西方科学色彩观提出了“光是色之母”,但忽视了人的体验。我认为,有光没有人便只有电磁波,光和人同时存在才会产生色彩。毕竟,色彩是电磁波投射到视网膜上,经视神经传到人的大脑后才产生的。所以我们说,“人是色之母,光是色之父。”

六、转型的中国，广义色彩大有可为

城市色彩只是广义色彩中的一种。在当前转型的中国,广义色彩具有四大优势,即低碳环保、高性价比、人性关怀、雅俗共赏。它有十大功效:是生态治理的“关键一步”;是“千城一面”治理的特效药;是旧城整治提升、美丽乡村建设的有力手段;规划城市风貌、塑造企业形象;保护历史文化遗产;开发与保护旅游景观;治愈空间环境的“硬伤”;满足多元需求;提高生产效率;塑造安全、易识别的空间。

在这些方面,我们团队有大量的实践。比如城市色彩,我们经历了不少困难,也总结了一些经验,大致可以概括为“从城市色彩1.0时代到3.0时代”。

城市色彩1.0时代,我们在宏观层面做负面清单,做的主要是“排除不美”的工作。

2.0时代,除宏观层面外,在中观层面解决城市色彩与空间的结合问题,从人的感知出发,把色彩落到城市的区域道路、边界、节点和标志物上。

3.0时代,从抽象的色彩、色谱、图谱到具体的地方材料、建筑构件、景观物等,对城市各个地块提出更具体、易操作的要求。

未来,欢迎更多的人关注这个领域,参与到这个领域的研究与实践中来,共同为国家的新型城镇化建设贡献力量。

(本文作者王京红系中央美术学院博士,视觉艺术高精尖创新中心研究员)

篇五

生态·文化·人:城市发展规律之探寻

城市发展的核心力量自始至终都离不开生态、文化和人三大主线。

2015年12月20日,中央城市工作会议在北京召开。习近平总书记发表重要讲话,着重指出要"尊重城市发展规律",对我国长期以来在城市建设和治理方面存在的问题可谓一语中的。长期以来,我国的城市发展成就惊人,却也问题频生,成就取得的首要因素源自对规律的尊重,而种种问题和乱象的症结则多来自对规律的背离和僭越,定位失焦、大干快上以致走偏或丧失发展机遇的案例不一而足。以此次城市工作会议的召开为契机,社会各界对中国城市发展投注了更加关切的目光,我们是否应该沉下心来,从中外城市的发展历程着眼,探寻城市发展的普遍规律。

一、生态是城市发展的源动力

古代中国"天人合一"的哲学观造就了人与自然和谐共生的思想基础,此后的"象天法地"等理念也从城市规划原则上表达了一种观念——依据山水等自然要素构建城市布局,要在城市中仍可寄情山水,这体现了传统文化中对城市审美特征的倚重。

同样,唐朝长安城的"八水绕长安"、元朝杭州的"五水共导",也体现了古代中国城市文化审美特征中对人与自然和谐关系的重视。近现代以来,国难深重,战乱频仍,救亡图存是时代的最强音,城市的审美取向逐渐脱离自然。新中国成立后,百废待兴,城市快速发展需要大量资源,农村支援城市,大自然成为城市发展的补给站。直至近些年,城市居住环境急剧恶化,唤醒了人们对健康生态环境的向往,人们开始对城市与自然的和谐共生景象充满渴望。

与中国城市发展情况类似,西方城市中人与自然的关系也呈现出螺旋式发展的状态。古希腊将大自然作为组成城市的要素[①],卫城古建筑群与自然风景融合在一起,创造了希腊文明时期的城市之美。工业革命时期,理性主义哲学思潮盛行,自然变为城市发展可以恣意掠夺的场所,人与自然的关系呈现出征服与被征服的状态。人类沉浸其中,享受着征服自然而带来的喜悦。随着现代主义的兴起,人们在钢筋水泥构成的城市中开始重新审视人与自然的关系,在生态意识觉醒的过程中,城市一步步努力回归与自然共生的理想状态。

纵观中外城市的发展历程,人类对待自然的态度大都经历过一段从和谐到失衡再到新和谐这样一个螺旋式上升的过程。目前我国还处于这个过程的初级阶段,因此更需要坚守住生态建设的思维底线,重现人与自然相互交融的景观建设,再现和谐宜居的城市之美。

二、文化是城市发展的驱动力

文化是城市可持续发展的内在驱动力,城市即使遭遇巨变,在文化加持下,仍可准确定位并对未来走向做出清晰判断。

西方城市在“一战”和“二战”后相继出现过两次变革,城市的发展路径也由此分野。20 世纪 50 年代的美国虽然呈现出一派繁荣景象,那个时代成为被很多人怀念的黄金年代,但也潜藏着种种社会危机:贫穷和失业、激烈的种族问题等,城市中产阶级从城市搬至郊区,一些城市经济开始衰退,城市景观开始破败;缘起于“贫民窟整治”的城市再造运动伴随着大规模的拆迁与重建,一时间犯罪案件频发、抗议声四起。在种族主义和政治活动甚嚣尘上之际,在公共利益和商业利益的角逐中,文化要素成了被牺牲的那一部分。

此时的欧洲却是另一番景象,尽管欧洲大部分城市景观在“二战”期间遭受重创,但人们在重建过程中将城市历史文化遗产作为建设重点,不仅重建历史景观,而且充分挖掘和发挥文化艺术在精神层面的鼓舞作用,战后的萧条景象很快在很大程度上得到改观。现在这些城市仍因其战前在文化与艺术上的成就而享有盛誉,比如巴黎仍被广泛认为是“艺术之都”,维也纳仍享有“音乐之都”的美誉等。战争之所以没有阻断和击垮这些城市的文脉与精神,是源于这些城市对历史文化的高度保护与尊重。

文化所具有的无形约束力,能够使城市的发展使命与城市治理制度、居民生活品质相互融合,确保社会和谐发展。我国城市经历了太长时间的“唯GDP论”的发展阶段,忽略文化建设导致了诸多问题的出现:城市历史与现代的割裂、城市与乡村的离散、“自我”与“他者”的不合、传统价值观的追寻与新型价值观的缺失等,这些都成为我国城市发展过程中迫切需要解决的重大问题。

中国幅员辽阔,城市众多,每个城市都有自己独特的文化和历史发展脉络,可喜的是,党的十八大以来,我国城市建设越来越重视文化脉络和历史渊源的保护和传承,尊重文化发展的科学规律,以此引领城市可持续发展之路。

三、人是决定城市发展的向心力

“以人为本”的概念出自春秋时期,齐国名相管仲辅佐齐桓公时有一段话说及:“夫霸王之所始也,以人为本。本理则国固,本乱则国危。”意思是,成就霸王帝业的开始,要以百姓为根本,百姓得到治理,国家才能稳固,百姓动乱则国家危亡。这是最早对人在国家发展过程中核心地位的阐述。

在西方,诞生于1892年的芝加哥学派对人与城市的关系进行了更加深入的研究和阐释,他们的核心观点是:城市是人性的产物。芝加哥学派重要代表人物罗伯特·帕克(Robert Park, 1864—1944)在其1916年发表的论文《城市:对于开展城市环境中人类行为研究的几点意见》中对城市的本质进行了总结，他说“城市绝非简单的物质现象，绝非简单的人工构筑物，它是人类属性的产物”。

毋庸置疑，中西方城市研究在“以人为本”这一问题上高度契合，均确定人是城市发展的根本目的和推动城市发展主要因素，人决定了城市的向心力。在现代化发展语境中，我们衡量一座城市的标准往往会从政治经济的角度出发，比如经济是否发达、教育制度是否完善、交通是否顺畅、医疗制度是否科学等，这些衡量标准的根本其实是人的感知以及在这种感知中人的中心地位。

城市建设和发展的终极目标是给予城市人最坚韧的精神力量，通过对个人价值、尊严、自由的追求，在精神上令人感到满足、幸福与安宁。因此，无论城市在何种地域，或适逢何种时代，其对于人的物质需求、情感需求、审美需求的满足都应是城市发展的根本目标。

四、结语

通过以中国城市发展历史和中外城市发展的共性为两大坐标，对城市发展规律进行总结，我们发现，城市发展的核心力量自始至终都离不开生态、文化和人三大主线。当前，我国城市进入转方式、调结构、寻求科学发展路径的攻坚阶段，面对千头万绪的城市治理转型工作，我们可以以这三条城市发展核心主线为突破口，统筹规划，合理布局，完善功能，从而实现城市资源的优化配置。

（本文作者刘新鑫系中国传媒大学副教授，城市形象传播研究基地秘书长）

城市需要24小时书店吗

台湾的文化地标诚品书店被奉为业界楷模，它24小时经营，不仅仅是一家书店，也是台湾的一个著名旅游景点，更是一家有影响力的文创企业。多少年来，诚品书店的24小时经营模式令中国大陆的实体书店跃跃欲试。尽管这些年很多实体书店因经营难以为继而相继关张，但仍有实体书店挺身而出，尝试24小时经营。中国大陆最早的24小时书店或可追溯至2006年11月1日开业的深圳书城24小时书吧，持续经营至今。但真正令24小时书店概念火遍中国的当属北京的三联韬奋书店。

2014年4月18日晚，赶在世界读书日前，身为北京文化地标之一的三联韬奋书店宣布开启“不打烊书店”模式，旋即引起热议。在国家倡导全民阅读的大背景下，时任国务院总理李克强给三联韬奋书店全体员工回信，希望三联韬奋书店把24小时不打烊书店打造成城市的精神地标，让不眠灯光陪护守夜读者潜心前行，引领手不释卷之风气，让更多的人从图书中汲取力量。总理的点赞和勉励将24小时书店推向了新闻头条，24小时书店从此走进大众视野。据不完全统计，至2015年10月，全国城市已开办超过11家24小时书店。未来几年，这个数字还将继续增加。城市为什么需要24小时书店？24小时书店对城市意味着什么？

一、一座城市容得下几家24小时书店

人们并不吝啬将赞美之词献给24小时书店，诸如城市的文化灯塔、阅读

绿洲、精神家园等,它也确实担得起这些美誉。一座孕育了24小时书店的城市是引人注目的,一家24小时书店可以温暖一座城,城市的深夜也因24小时书店的光亮而更加动人。

2015年,24小时书店在北京、广州、上海、深圳、杭州等城市播下了更多的星火。2015年4月23日,正值世界读书日,三联韬奋书店的第二家24小时书店海淀分店开业。海淀分店落户北京五道口商圈,优势是其所在区域高校云集,知识人群密集。因此,海淀分店针对的人群定位很鲜明,主要面向中青年读者群。海淀分店也有新气象,其营业面积900多平方米,超过了三联韬奋书店老店。三联韬奋书店海淀分店扩大书店的经营面积,是出于复合经营的考虑,他们还开辟空间售卖咖啡、简餐和甜品等,以此增强自我造血功能。但新店开在写字楼里,某种程度上说也有一些劣势,需要时间的积累才能形成文化吸引力。三联韬奋书店对外宣布,之所以开第二家24小时书店,是因为老店的经营成绩给了他们底气。其统计数据显示,2014年,北京三联韬奋书店全年销售收入同比增长了58%,利润同比增长了111%,从4月8日24小时书店试运营日算起,同比盈利增长了130%。

2015年7月20日,京城另一家24小时书店的开业同样引起了人们的广泛关注。当日,由北京西城区政府和著名古旧书店中国书店联合打造的24小时书店雁翅楼分店开门迎客。北京中轴线上被拆除的建筑物雁翅楼以24小时书店的风貌重回大众视野,具有足够的新闻点。其开业引来媒体的竞相报道。中国书店雁翅楼分店是一家集“公共阅读”“文化传承”“慢生活体验”“文化产品推介”四位一体的24小时店。中国书店以收藏和经营古籍、文献见长,故雁翅楼分店的一大特色是古籍的销售、展示以及传统文化的体验。雁翅楼分店共有两层:一层为图书陈列销售区,主要涵盖古籍、文史、艺术、社科等图书类别,同时提供古籍修复、古旧书收售等中国书店特色服务;二层为文化休闲、慢生活体验区以及文化展览区。另外,雁翅楼分店还有文房四宝、工艺品、旅游纪念品等经营项目。

据不完全统计,自2014年4月三联韬奋书店第一家24小时书店营业以来,全国大中城市已经涌现出超过11家24小时书店。2014年5月18日,杭州一家名为悦览树的书店宣布24小时营业;2014年7月18日,山东省首家24小时书店明阅岛开业。而24小时书店的领头羊三联韬奋书店并不满足于只成立2家24小时书店,在未来5年,三联韬奋书店还将在全国范围内开设10家24小时书店。此举勇气可嘉,也可见出三联韬奋书店运营24小时书店的自信。

在热潮之中,也有人发问:一座城市究竟容得下几家24小时书店?韬奋基金会理事长、中国出版集团原总裁聂震宁认为,如果一座城市有通宵酒吧、歌厅、餐馆、网吧,那么,就应当有24小时书店。是不是每一座城市都应该有一家,那要看具体情况,我的参照系就是这座城市倘若容得下那些娱乐场馆,那么,就应当容得下一家以上的24小时书店,这是有关价值观的引导和博弈。

二、24小时书店:关乎心灵的精神文化地标

一家经营成功的书店往往也是一座城市的文化地标。一部分书店摆脱了作为书店的单一功能,与城市文化、城市生活方式深度融合、浑然一体,从而成为城市不可或缺的重要部分,诚品书店就是此中佼佼者。经过多年的坚持和精心运营,诚品书店已成为台湾著名的文化地标和旅游景点,是台湾一张响亮的文化名片。对于本地人而言,诚品书店体现的是他们的生活方式和态度。对于外地人而言,前往台湾旅游,参观诚品书店就是一个必选项。有人这样高度评价诚品书店:“一家民营书店能开到吸引游客、增加外汇收入、刺激经济、提升形象的地步,放眼全球,除了台湾的诚品书店,无出其右。”[①]其实,诚品书店早已不是一家只卖书连带卖点咖啡的书店,其创始之初就以书店为品牌核心将业务扩展到了出版、画廊和文创产品等领域,开创了以文化创意为核心的复合式经营模式。

在实施24小时经营前,三联韬奋书店本身是北京城有名的文化地标,在

① 台湾诚品书店的广告文案[J].天天爱学习,2015(6).

读书人群中享有非常高的知名度,被评为北京文化人必去的书店。和三联韬奋书店相比,中国书店雁翅楼分店的建筑物是承载着厚重历史文化记忆而重现的。雁翅楼位于地安门门楼两侧,始建于1420年,原是中轴线上的重要组成部分。新中国成立后不久,雁翅楼随同地安门在城市建设发展中被拆除。直至2012年,北京市启动了新中国成立以来最大规模的“名城标志性建筑恢复工程”,雁翅楼才得以复建。复建后的雁翅楼,东西两侧如雁翅排开,西侧恢复十间,东侧恢复四间。出于文化惠民及建设书香北京等方面的考虑,北京市西城区政府将雁翅楼免费提供给中国书店使用,目标是将其打造成一个体现更多时代元素的公共文化地标,以展现全面服务社会大众文化生活的理念。

中国书店雁翅楼分店为所在区域增添了文化氛围,为市民创造了一处寄托精神的场所。在开业90多天的时间里,该店举办了多场文化展览、社区读书会、朗诵会,比如,2015年10月13日举办的“纪念曹雪芹诞辰300周年《红楼梦》珍贵古籍展”,展出了《红楼梦》不同版本的珍贵古籍,吸引了众多“红迷”和游客。而雁翅楼分店作为“旅游景点”的形象也日渐丰富起来。雁翅楼分店位于北京中心城区,紧邻什刹海和南锣鼓巷,地理位置优越。时任中国书店总经理于华刚说:“对很多人来说,雁翅楼分店也是一个旅游观光点。开业以来,不断有海内外的游客前来参观雁翅楼书店。外地游客来逛书店,真正买书的少,即使购书也不方便携带回去,但是我们仍然欢迎游客,作为一家全民阅读空间,我们希望游客能在书店里领略到中国传统文化的魅力。”①

历史建筑雁翅楼重生了,24小时书店中国书店雁翅楼分店也被寄予厚望。中国书店把雁翅楼分店打造成了北京市的文化建设新地标,使其成了文化交流的展示窗口,为京城文化形象的塑造以及海外影响力的扩展赋予了正能量。

经营效益的好坏决定着一家24小时书店是否可持续经营。于华刚并不

---

① 根据本文作者采访内容整理。

讳言中国书店雁翅楼分店的经营效益:“从7月20日开业,到现在差不多90天了,平均每天的营业额在1万元左右。白天9点到晚上6点区间段的经营收入占比60%多,晚上6点到12点的收入占到30%多,零点到早上占比不到10%。”[①]因为得到了北京市西城区政府的大力支持,免除了房租成本,还获得了一定的政府补贴,中国书店雁翅楼分店的经营成本大大降低。

三联韬奋书店24小时书店成功运作的背后是政府资金的保障,其获得了国家文化产业发展专项资金支持。资料显示,2013年,财政部在北京、上海、南京、杭州等12个试点城市实施书店扶持政策,56家实体书店共计获得9000万元的国家文化产业发展专项资金。其中,包括三联韬奋书店在内,当年获得100万元的扶持资金。2014年,政策试点范围由原来的12个城市扩大到包括江苏、浙江、广东、湖北、湖南等在内的12个省份。另一个利好是,2014年年初,财政部下发通知,在2017年12月31日前,免征图书批发、零售环节增值税。和老店相比,三联韬奋书店海淀分店第一年获得的资助力度更大,根据三联韬奋书店披露的数据,海淀分店第一年投入900万元,其中国家拨款800万元。

诚品书店作为台湾的文化地标,其背后是维持了长达15年的亏损经营,之所以能长期坚持,是因为它还经营百货、餐饮等其他业务,用其他产业的盈利来补贴书店的经营。一家24小时书店如果既得不到政府资金的支持,又无法开展复合经营,创新书店盈利模式,拓展新的经营空间,其悲剧收场的可能性就非常大。

三、24小时书店对城市意味着什么

对于城市24小时书店引起广泛关注的原因,韬奋基金会理事长、中国出版集团原总裁聂震宁认为有以下几个方面的原因:一是这些年倡导全民阅读,因此凡有利于阅读的新举措都会引起关注;二是服务业延伸服务,许多

---

① 根据本文作者采访内容整理。

人没有想到书店这种并不时尚的地方也能延伸服务,有新意故而有些吸引力;三是书业都在说实体书店难以为继,现在竟然发力自救,有振兴景象,人们乐观其成;四是深夜书店的灯光对于精力充沛的年轻人具有相当的召唤力;五是国家领导人的赞许具有很大的感召力。①

当24小时书店成为人们休闲生活的一种选择时,其就有了存在的基础。聂震宁认为,24小时书店是城市生活内容的一种拓展。"现代城市越来越成为年轻人聚居的地方,年轻人精力充沛,恨不能24小时都处在律动中。过去年轻人只有歌厅、酒吧、网吧可去,那些地方可以帮助他们暂时忘记空间和时间,但是当他们回到现实时空时,会有一种严重的失落感、空虚感让他们陷入懊悔之中。而24小时书店,在那里他们可以有书可读,有书可交流,有书可思索,深夜从书店里走出来,会觉得城市夜晚的空气格外清新。即便在书店里读一个通宵,第二天他们也会觉得自己充实地度过了一个不眠之夜。"②

有人说,要了解一个城市的文化气质,就去看看它的书店。首都图书馆首图讲坛策划人曹云喜欢逛书店、书城。她说:"我本人会去24小时书店深夜读书,我觉得会有和我一样的人存在,人和人组成了这个城市,所以城市也一定是需要24小时书店的。城市需要人文感! 城市中除了有人,还有静止的物,比如安静的街道、喧闹的商区……在这些风景和风景之间,也需要书店的存在,需要书店不停歇的陪伴,需要书店和阅读者与其分享每一轮旭日、每一幕星辰。"③有一个阅读群体有深夜休闲阅读的需求,只不过此前从未有人提供相关服务。时任三联韬奋书店总经理的樊希安在接受媒体采访时说:"我们办了一家24小时书店,是因为真的有一部分人需要,我就服务我的细分人群,几千人里有一个来就够了。社会有需求,我们就要提供相应的服务。反过来,如果社会有这样的需求,没有人提供服务,那就是社会的

① 根据本文作者采访内容整理。
② 根据本文作者采访内容整理。
③ 根据本文作者采访内容整理。

悲哀了。”①

曹云认为 24 小时书店能带给她一种心境。在“丁俊杰看城市”微信公众号读者袁燕梅看来同样如此:“夜晚是非常适合阅读的时间。以前,一个通宵就能读完一部小说。但是在家里看书,即使有书房,也很容易受到干扰,容易被家里的环境带出来。书店的书籍摆放、设计风格、安静的氛围等营造了一种意境,在书店阅读,享受的就是书店所独有的意境。”②中国人民大学出版社营销编辑周莹是一位爱书之人,她分别去过三联韬奋书店老店和海淀分店,她本人并不会熬夜阅读,但是她说:“24 小时书店有个好处,就是让人在夜晚能有个体面的去处,从而去面对自己真实的想法。毕竟,夜晚适合思考人生。”③

在肯定 24 小时书店的积极作用时,也有不同的声音。时评人王亚煌认为 24 小时书店模式不值得推广,“应当认识到,人们在夜间的主要消费需求并不是购买图书,买书可能是附加行为或偶然行为。他们更需要的是一个文化休闲消费场所,而不是单纯的购书场所。当然书店可以搞多样化经营,卖卖卡座咖啡什么的。但一个卖咖啡的书店竞争力要远低于一个提供大量可阅读书籍的咖啡店”④。事实上,咖啡图书馆已经在中国的城市生长出来。这是实体书店倒闭潮中的善意提醒。一座城市孕育出 24 小时书店是自然而然的事情,需要天时、地利、人和。

对于 24 小时书店可持续经营的建议,聂震宁认为:“这件事情不能全然交给市场,任由其自生自灭,至少起步阶段不能如此。有人说实体书店是城市的一张名片,那么,24 小时书店就更是城市的精神文化地标。实体书店具有公益性文化设施的功能,24 小时书店的公益性就更为突出,城市管理者要把它纳入城市公共文化设施建设的规划之中,做到有规划有投入有要求有

---

① 三联书店:阅读无限时[N].浙江日报,2014-4-25.

② 根据本文作者采访内容整理。

③ 根据本文作者采访内容整理。

④ 王亚煌.24 小时书店不值得推广//三联韬奋书店诞生记[M].北京:生活·读书·新知三联书店,2014:810.

管理,从而实现可持续发展。”①

《书店的灯光》一书的作者刘易斯·布兹比直接将书店比作城市:“一个书店,就是一座城市,我们日臻完善的精神自我,居住其中。”②书店是城市的书房,书店是城市的灵魂。

一座没有书店的城市是荒凉的,一座没有阅读氛围的城市是乏味的。24小时书店是一个有温暖、有情怀、有人性、有故事的所在。无论怎样强调其商业属性和行业规律,24小时书店最终指向的都是城市中的人。正如诚品书店创始人吴清友在一次演讲中所说:“人们来书店不仅仅为了买书。诚品办的活动绝大部分是免费的,因为在我们看来,人文思维关乎人和自我、人和他人、人和社会、人和天地甚至人与鬼魂之间。无论如何,人是城市当中最珍贵的资产,人最重要的素养是人文和艺术方面的素养,就是善、爱和美的素养。诚品在商业经营上备受批判,但我至少信守当年的信诺:希望一本书、一句格言、一首名曲、一个新的思想剖面、一件艺术创作品、一栋感人的建筑与空间,都能产生一份灵动力,丰富大家的精神与心灵。”③

(本文作者毛俊玉系“丁俊杰看城市”微信公众号编辑)

---

① 根据本文作者采访内容整理。

② 布兹比.书店的灯光[M].上海:上海三联书店,2008:20.

③ 吴清友2014年在中欧国际商学院的演讲实录。

篇七

是时候,卸下城市文化不能承受之重了

丁俊杰教授曾提到:在城市特色被消弭的当下,文化是城市唯一的"救赎",文化是使一个城市被记住的一张特有的名片,是城市最大的不动产。

不管是从中共中央办公厅、国务院办公厅印发的《关于实施中华优秀传统文化传承发展工程的意见》来看,还是从文旅融合大政策下对于文化是核心、是引领功能的强化来看,更或者是通过上海提出打造上海文化、成都提出打造天府文化等多个城市对于发掘自身独特文化、打造城市文化品牌的具体动作来看,增强和彰显文化自信,统筹文化事业、文化产业发展,以文化软实力推动一个国家、一个城市、一个旅游目的地的发展,已成为当前各个职能部门的聚焦点和行动指南。这给文化发展提供了一个绝对利好的空间和时间节点,这也在某种程度上扩大了文化功能的边界。同时,这也在某种程度上,让"文化"二字背负了更多其难以承受的厚望与寄托。

尤其对于一个城市的发展而言,这种沉重的期望和寄托,让相关职能机构及行业从业者,在面对挖掘、保护、传承、创新城市文化这个大课题时,在实际的工作开展中也面临了诸多的困难及亟待攻克的难题。

一、城市文化如何化繁从简

"城市文化"是一个很大的概念,仅从定义上就有广义和狭义之分。广义的城市文化指城市在发展过程中所创造的物质和精神财富的总和,这是一种"大文化"范畴的城市文化。而狭义的城市文化则指在城市发展过程中所形成的独具特色的共同思想、价值理念、基本信念、城市精神、行为规范等精神财富。我们通常所讲的城市文化指的是后者。这种城市文化主要涵盖物质、制度和观念三个层面的内容。首先是物质的内容,主要包括城市在地理风貌、建筑风格、人造景观、文化雕塑、广场道路等有形物质中体现出的精神因素;其次是制度的内容,主要包括城市在法律规章、管理制度、行为准则、典礼仪式、组织领导方式以及其他行为方式中体现出的精神因素;最后是观念的内容,主要包括精神、价值观念等精神观念的因素。

城市文化,是经过时间积淀和洗礼的结晶,每一种文化要素及文化形态都有着自身独特的价值和内涵。但正是因为构成城市文化的维度多元、要素繁多,我们去理解一个城市文化的时候往往不知道从哪里寻求突破点。负重前行,必步履缓慢;兼容并包,必难以推陈出新。在城市文化化繁从简的道路上,城市需要有壮士断腕的勇气和杜绝"一揽子全收"的思想,要火力全开地聚焦在最能代表本城独特性的文化资源要素上,重新梳理城市文化资源,提炼城市文化内核,包装城市文化品牌。

二、城市文化如何化抽象为具象

提及"文化"二字,我们便容易陷入对空洞概念的理解之中。因为脱离了与现实、与既有场景的联想而导致许多城市文化尤其是城市的非遗文化被束之高阁、秘不示人。要想解决对城市文化不接地气的认知,最主要的方式应该是将抽象的文化表达及形态换成一种能被人理解、能被人感知、能与人们的日常生活方式紧密连接的方式,让文化走进人们的日常生活中。因为城市文化存在的最核心也最有价值的两层意思就是"以文化人"和"由文至化"。"以文化人",是要让城市文化以潜移默化的方式教育人、感染人、熏陶人,影响城市中的每一个人,让独特的城市精神和市民气质因城市文化而产生;"由文至化",则是让文化化作思想,化作才能,化作有品位的创造,化作文化事业,化作文化产业,这是文化发展的最高级形态。

具体而言,城市文化的化抽象为具象,主要包含两个意思。一个聚焦于文化表达内容,以一种更能被人理解的话语去重新解读和包装城市文化,包括物质文化及精神文化。《如果国宝会说话》是一个很典型的案例,成都也在这方面进行了深入思考,自从提出"天府文化"之后,成都市委宣传部及各个委办局,就如何解读"天府文化"、提炼"天府文化"的核心、如何让"天府文化"与百姓生活密切关联起来开展了一系列工作和尝试,甚至特别邀请中国传媒大学团队围绕"天府文化"如何进行现代化表达开展了专项研究。由此可见,具象的解读和理解一定要以获取民众集体认知为出发点。另一个则聚焦于文化输出方式,城市文化变身为文创产品、城市文化 IP 的打造甚至互联网下更多新型传播手段等,这些都给予了城市文化更多的输出方式及平台,也给城市文化提供了更多具象表达的空间和可能性。

三、城市文化如何与现代接轨

从《中国汉字听写大会》《中国诗词大会》,到《国家宝藏》《如果国宝会说话》《典籍里的中国》,再到故宫一改过去的"严肃脸"变得"萌萌哒"以及甲骨文手机表情包成为斗图"新宠",近年来,优秀传统文化纷纷走出"故纸堆",以时尚有趣的形象"飞入寻常百姓家",给人们带来了丰富的文化大餐,也点燃了大家对中华悠久文化、厚重历史的热情。

诸多鲜活的案例,给城市文化焕新发展提供了一些借鉴和启示。时任故宫博物院掌门人单霁翔曾说,"作为一个博物馆,最重要的是要把文化资源真正地融入人们的生活"。融入生活,连接当下,这是推动城市文化活起来的一个重要方式。

同时,科技赋能也是促进全球文化品牌、文化产品层出不穷的重要手段。通信技术、三维技术、数字技术、虚拟现实技术的发展与文化和艺术进行了深度融合,带来了整个文化发展链条上的新内容革命,科技成了城市文化传播的新样态。比如腾讯与敦煌研究院合作,用一支 H5 让千年敦煌穿越千年而来,为我们呈现了都市与历史交融的一个魔幻故事,让生活中千万个习惯了现代生活的普通你我,在生活中的普通场景中与敦煌有了一次穿越千年的邂逅。这是一种新形态下的文化传承与交流,正是这种新形态下的文化传承与交流,才让经典的城市文化 IP 得以在数字经济时代大放光彩。

习近平总书记指出:“要结合新的时代条件传承和弘扬中华优秀传统文化,传承和弘扬中华美学精神。”①2018 年 4 月,一部 3D 全景声京剧电影《萧何月下追韩信》在日本冲绳国际电影节上征服了无数观众,一举斩获“最受欢迎的海外影片”奖。以国粹和最新电影科技 3D 全景声相结合,将电影逻辑和京剧审美独特地贯穿于唱念做打之中,既展现了京剧艺术的独特魅力,也回应了现代社会关切,因而赢得了观众的喜爱和认同。可见,优秀传统文化有其独特魅力,只要方式创新、表达创新,就能穿越时空焕发新的光彩。

于城市文化而言,亦是如此。

易中天在《读城记》一书中说:“城市和人一样,也是有个性的。不是所有的城市都会受到关注。中国的城市毕竟太多,其中大同小异的不在少数。显然,只有那些个性特别鲜明的才会受到关注,因为个性鲜明才会有魅力。”②全球有 13,810 个城市,中国有 663 个城市。在我们以文化为城市特色抢救法宝的同时,别忘了卸掉城市文化所不能承受之重,给予城市文化更多表达及传播的新样态、新关注、新思考,让城市文化真正活起来,从而被记忆、被保护、被传承、被尊重。

(本文作者张丽君系“丁俊杰看城市”微信公众号编辑)

---

① 人民日报[N].2022-12-06.

② 曹徙南.迟暮之城襄阳:被遗忘的湖北第二城[EB/OL].(2018-09-06)[2020-08-02].https://mp.weixin.qq.com/s/OKoX8hs-858NURT/Mbrsig.

场景革命，面向艺术和商业的非遗

对自然资源的掠夺，傲慢，让2020年的开端艰辛异常。山火、蝗灾、疫病……长达一个世纪的资源狂欢过后，人类开始自食恶果。

牺牲生态平衡而带来的经济飞速发展，置于历史的长河中，无异于饮鸩止渴。对资源的浪费又岂止自然？文化资源也遭遇了同样问题。近年来，文化热、非遗热，这些狂热背后，也有隐忧。人潮散去，潮水退去，热度冷却之后，资源被掠夺、被耗尽，非遗本身、文化自身又该如何自处？这与利润无关，与资本无关，与人类有关，与文明有关。借用《流浪地球》中的一句话——起初，没有人在意这一场灾难，这不过是一场山火、一次旱灾、一个物种的灭绝、一座城市的消失，直到这场灾难和每个人息息相关……

非物质文化遗产（以下简称“非遗”），特别是传统手工技艺类非遗，其根基在于中国传统的生产生活实践。从历史中走来，非遗在历代人们生活中都引领过潮流和时尚。伴随着社会的快速发展，人们的物质需求极大丰富，特别是工业化的不断推进和机器化大生产的蓬勃发展，使传统的生产生活方式发生了变化，以传统手工技艺为基础的传统手工业受到严重冲击。我国社会主要矛盾已经转化为人民日益增长的美好生活需要和不平衡、不充分的发展之间的矛盾。因此，非遗的传承、发展、保护需要供给侧改革，亟须细分分工。因此，以传承保护为基础，以品牌为引领，以模式创新为方式，以产业发展为永续动能，以非遗展示传播为窗口，建立立体的非遗保护、传承、发展体系刻不容缓。

联合国教科文组织《保护非物质文化遗产公约》（后文简称《公约》）中

将“保护”表述为“指确保非物质文化遗产生命力的各种措施,包括这种遗产各个方面的确认、立档、研究、保存、保护、宣传、弘扬、传承(特别是通过正规和非正规教育)和振兴”。《公约》的表述拓宽了“保护”的内涵和外延。非遗的传承、保护、创新、发展不但需要非遗从业者的努力,更需要各个行业共同努力才能实现。

面向艺术与商业,激活非遗(特别是传统手工技艺类非遗)动能,使其通过文化消费走进生活,永续造福人类,成为后非遗保护时代的题中之义。我国非遗保护工作坚持“十六字方针——保护为主、抢救第一、合理利用、传承发展”。在保护的前提下,如何合理利用、利用什么,成为目前进行非遗产业开发的重要问题。

在这个背景下,结合当下商业视域下的文化空间场景精神,未来贩卖的不再是简单的商品,而是一种情感、一种体验、一种场景。目的性消费被互联网垄断了,而体验性则是垄断不了的。在这个意义上,传统商业空间场景的变革与未来非遗消费场景有高度的一致性。不远的未来,非遗将在新的场景之下成为新的增长点。未来,非遗场景将面向艺术和商业呼唤多元、沉浸、五维、情感、体验、愉悦的场景变革。

一、学术创新:让非遗回归现场(理论基础)

文化遗产(特别是非遗),自古至今一直存在于我们的生活中。时代前进,经济文化不平衡发展阻碍了非遗跟随历史一同前进的脚步,非遗渐渐离场——这个现场是审美现场、消费现场、时尚现场、生活现场、话语现场。重回,不是简单的照搬,而是以供给侧改革的方式,让非遗符合当下的审美语境和生活方式。正如刺绣,百年间经历了从“身上到墙上再回到身上”的过程,而如何回到身上,就需要当代织绣类非遗传承人及从业者根据现代人的生活方式、行为习惯、审美意趣、身材特点……以古老技艺去重新定义中国时尚。

每一次对美的探索都是重新出发:回归审美现场,是让非遗回归大众审美,以当代审美意趣,进行审美改革;回归消费现场,是让非遗通过文化消费的方式，进入千家万户；回归时尚现场，是通过艺术再造、时尚表达，进行“+非遗”的实践，将非遗作为生产资料融入时尚产业中；回归生活现场，是让非遗走进生活，创造符合当代生产生活方式的文化产品与文化内容；回归话语现场，是在学术研究层面，以非遗为视域进行跨界研究。

二、行业创新：引入职业非遗策展人概念（人才基础）

“策展人”一词源于英文 curator，指在艺术展览活动中担任构思、组织、管理的专业人员。在西方语境中，curator 通常指在博物馆、美术馆等非营利性艺术机构专职负责藏品研究、保管和陈列，或策划组织艺术展览的专业人员，也就是常设策展人。近 20 年来，策展人这一职业在中国艺术领域得到快速发展。同样，承载了中华优秀传统文化艺术的非遗的研究、展示、传播、弘扬，也需要专门人才。非遗策展人需要从文化资源挖掘、主题策展、审美提升、整合营销等角度，依托自己的传播学研究、非遗研究、文化产业研究等学术背景，从理论建设到策展实践，全方位地通过审美的角度，让非遗及其相关场景重回人们的生活。

三、方法论创新：“+非遗”——审美再造、功能重构、设计赋能、品牌跨界 IP 缔造（方法论基础）

“+非遗”正是以审美再造、功能重构、设计赋能、品牌跨界为方法，以其他行业的优势资源、品牌理念、设计构想，打破消费、传播、时间、空间、艺术、商业之间的壁垒，打造非遗及其文创的全新未来的。

笔者在 2019 年组织的系列展览中涉及的展品就有日本设计大师喜多俊之先生聚焦中国汝瓷而设计出的“无问西东”汝瓷咖啡杯。不论是中式生活方式还是西式生活方式，人们都能享受到非遗之美，从以茶汤养开片到以咖啡养开片，不同文化背景对话之下，非遗给人们带来的体验却是共同的。

（一）从线上到线下，从传统到时尚

“非遗触网”已不是新词，然而在近年来“非遗+互联网”的实践热潮中，众多从业者发现，互联网并不是非遗产业发展之路上的救命稻草。纵观在互联网上获得成功的非遗企业，无不是线上线下齐头并进的。线上更多的营销推广、购买渠道，配合线下多样的消费场景、体验，才是非遗未来的产业发展之路。

2019 年 11 月，笔者联合寺库名物，在前门大街 83 号开设了寺库名物线下店，以创新展陈方式，提供了非遗与商业结合的新思路，社会效益和经济效益获得双丰收。在场景革命的同时，基于非遗是活态的，我们还提供了多样的非遗体验、交流、讲解等活动，全方位、多角度，让非遗被世界看见。未来，“非遗传二代”、非遗品牌将与寺库名物品牌深度合作，打造“东方奢品”，让传统技艺重回时尚舞台。

（二）传统技艺，当代表达

笔者认为，用当代艺术表现手法，结合当代艺术、后现代主义表现手段，利用镜面、不锈钢、亚克力等材质，运用多媒体技术，打破传统非遗展陈范式，以沉浸式、多媒体融合、五维感官联动等方式，将传统技艺与未来展陈材料相结合，是场景革命背景之下非遗面向商业需要的新理念。场景可以激发民众对非遗的新理解、新认知，进而转化为他们的文化消费。

笔者 2019 年着力打造了“仿佛若有光”IP 展、“无界之境”IP 展、以廊坊非遗为核心的“宫廷新造办”“流淌在生活”系列 IP 展。从“非遗令场景更生动”“城市因非遗更美好”“商业因非遗更具活力”三个方面，很好地展示了非遗在城市文化传播和商业场景中的重要作用，探索出了一条面向艺术与商业的非遗之路。

疫情终将过去，人类社会也终将回归到人与人的连接之中。非遗，将因场景革命而面向艺术与商业，走向更加温暖的春天。

[本文作者李媛媛为非遗策展人，国家对外文化贸易基地（北京）北京国际文化贸易服务中心副主任]

辑四
城市形象与城市想象

城市形象需要留下多维度想象空间

重大事件传播对城市形象塑造的影响

在信息过剩的今天,注意力资源似乎已经成为最稀缺也最抢手的资源,每个欲求发展的城市都开始将目光投在重大事件上。越来越多的城市通过策划、组织和利用具有广泛影响力和巨大新闻价值的重大事件,借助媒介传播,吸引城市内外受众的注意力,以提高城市自身的知名度和美誉度,并树立起良好的城市品牌形象。可以说,“重大事件作为一种大型活动,具有很强的参与性和娱乐性,往往被相关者当成当地文化的浓缩和再现,成为追寻文化真实性的具体目标”[①]。2008 北京奥运会、2010 上海世博会和广州亚运会以及每年一度的达沃斯论坛、戛纳电影节等,都是重大事件的典型代表。随着国际化和城市化进程的加快,我国也正在成为全球性重大事件青睐的大市场。

一、重大事件对城市品牌的作用机制

首先,重大事件对城市硬实力的影响最为直接和直观,主要体现在它能够促使政府对基础设施建设加大投资,企事业单位投资赞助重大活动,民众参与带来直接效益等方面,并在城市核心产业链建构中发挥重要作用,从而对城市的综合经济实力产生巨大的促进作用,进一步提升城市的竞争力。其次,对于城市软实力的影响而言,重大事件主要体现为它对城市文化资源

① 邬国梅.重大事件影响下城市形象的塑造和提升——以 2010 年广州亚运会为例[C]//2008 年中国会展经济研究会学术年会论文集,2008:285-290.

方面的综合利用,以及对城市市民精神面貌和行为等方面产生的提升作用。最后,重大事件的举办必然会受到报纸、杂志、电视、网络等媒体的广泛关注和报道,这些媒体不论是从侧面还是从正面都会将城市的综合实力及品牌形象传播给社会大众,从而影响公众对于城市的认知。

当然,“城市形象形成机制表现为双向互动的过程……经过多次反复形成城市形象”[①]。实际上,重大事件与城市品牌二者之间的作用机制也是相互的。事件的类型、规模、频率都与城市形象的传播和形成有着密不可分的联系,而城市实力、城市文化以及城市传播的能力和水平,也会反过来对重大事件能否在本城市举办产生深刻影响。

一般说来,品牌形象较好的城市,一方面由于其本身在基础设施、经济实力等方面相对强大和完善,另一方面由于其本身在文化资源和人文环境方面相对丰富,因而会在重大事件的举办方面取得较大的成功和良好的效果。反过来,事件活动的蓬勃发展,又会在一定程度上促进城市品牌形象的提升,提升其知名度,增强城市竞争力。可见,重大事件与城市品牌两者正是在这样一种相互促进的状态下进行良性循环的。

二、重大事件的策划、举办与制造

在日趋激烈的全球竞争大背景下,重大事件已被当作各城市提升自身竞争力的战略工具。因此,在对城市形象进行总体战略定位的时候,城市要将重大事件对城市品牌的影响纳入城市发展的总体规划中,并使之与城市定位相一致,不失时机、因地制宜地申请举办国际盛会,策划大型活动赛事,同时还要具备国际化的视野。诸如 2008 北京奥运会、戛纳电影节、达沃斯论坛等这些重大节事,主办者都因地制宜地选择了与本城市自然条件、人文景观乃至经济实力相一致的主题定位,并将运作融入国际化语境,因此取得了良好的效果。

---

① 王德起,谭善勇.城市管理学[M].北京:中国建筑工业出版社,2009:190.

当然,举办那些具有全球影响力的国际盛会对于一个城市的品牌塑造会起到巨大的推动作用。但是如果受到各种条件的限制,无法申请举办国际盛会,城市自身也可以通过策划或者制造重大事件来吸引大家的注意力。

2009 年 1 月 9 日,昆士兰旅游局专门策划了一次名为“世界上最好的工作”的大型招聘事件,吸引了全世界的目光。这份工作的内容比较简单,但是高达 30 万澳元(约 150 万元人民币)的年薪和优厚的福利一经提出,立刻在全球范围内传播开了,搜索引擎、博客、社交网站等网络媒体都进行了大量报道。

昆士兰旅游局在 2009 年 7 月 16 日对整个活动进行的估算显示,这个活动创造的媒体传播价值超过了 400 万澳元。可以说,这次昆士兰旅游局通过制造重大事件进行的整合营销传播天衣无缝,尤其在社会性媒体的整合方面,给城市营销提供了一条可供借鉴的新路径。

三、通过公众人物吸引注意力

普通大众向来对公众人物有着天然的兴趣和关注,而在信息极大丰富的今天,受众对传播信息和传播手段的选择具有相当大的随意性。同样,公众人物也是媒体关注的焦点,巨星大腕云集的重大事件中,名人效应对城市品牌形象的传播无疑起着重要的推进作用。无论是体育明星、演艺明星、商业明星还是政治明星,他们都能吸引社会对重大事件的注意力;与此同时,大众也都会有意无意地对举办这一重大事件的城市给予一定的关注。

前文提及的达沃斯论坛,如今已经成为各国政要、企业领袖、国际组织领导人、专家学者等就世界重大问题交换意见的高端平台,其会员来自全球 1100 多家大型跨国公司,其中有全球 500 强中的绝大部分。全球的注意力,在关注世界经济走向和这些经济巨头之余,自然而然地会对这座以城市名称来命名一个论坛的城市产生好奇心。我们常说,一切主动的了解来源于起初的好奇,所以达沃斯这座欧洲小镇在全球范围内为人们所了解甚至熟知也就不足为奇了。由此可见,城市形象传播可以借助名人效应,使大众借助重大事件的平台,通过自己所关注的公众人物间接地认识甚至深层次地了解举办地城市。

此外,公众人物对该城市的认可,也会通过不同的渠道和媒介传播到世界各地。以2008北京奥运会为例,奥运会开幕当天,不仅全球体育明星们集聚鸟巢,就连众多国际组织和国家的首脑,如联合国秘书长潘基文、俄罗斯总理普京、法国总统萨科齐、德国总理默克尔、新加坡内阁资政李光耀等,也都在现场观看了气势恢宏的开幕式。美国时任总统布什说,他很喜欢北京的奥林匹克比赛场馆,称它们“为观众考虑周到”,而现场观众的组成也非常国际化,来自世界各地的人们为运动员们加油。这些赞誉也都随着各国媒体的报道传向了国际社会,从而提升了北京乃至中国的整体形象。

四、借助多元媒体手段进行传播

在城市形象的提升战略中,媒体起着十分重要的作用。重大事件本身就是新闻,城市举办大型盛会往往能够吸引众多媒体的关注与报道。城市在利用媒体对自身形象进行传播的过程中,应该“选取多种不同的路径,采取多种方式对城市重大事件进行动态的、开放的和全面的报道”①。在这一点上,国际大型事件及其举办城市运用得都比较成熟。然而,国内的大部分城市在举办重大活动时,往往把财力、人力、智力的重点放在活动本身的组织和运作上,而对涉及城市形象的信息缺乏有效的传播策划和传播控制。所以,城市管理者要借助重大事件有意识地通过多元化的媒体手段宣传城市形象。

从2010上海世博会的宣传来看,上海在运用多元化媒体手段方面也表现得比较成熟。上海积极主动地结合世博会的特点和优势,运用电视广播、报刊等传统平台全面启动世博会宣传报道。此外,在新媒体的利用方面,上

① 韩隽.城市形象传播:传播角色与路径[J].人文,2007(2).

海更是运用了"三屏融合"技术，首次在全球范围内通过电视、手机、计算机三大终端新媒体融合渠道，利用最新的互动电视技术制作、传播世博会盛况。可见，上海在借助重大事件进行传播的过程中，已形成了以内容为经、以各传播平台为纬宣传报道世博会的有机整体，全方位、多角度、立体化地宣传报道上海的城市形象，向中国和世界展示了上海的实力和影响力。

城市在借助重大事件通过多元媒体进行传播的过程中需要重视一个问题，那就是，城市形象宣传并不是将事件和城市形象进行简单生硬的嫁接，而是应该考虑将某一重大事件作为宣传突破口，将活动与本城市独特的有形、无形资源匹配起来，运用多种媒体凸显城市的差异化性格。只有这样，多渠道、多媒体、多层次的传播才能彰显其价值，从而塑造出独一无二的城市形象。

五、借助重大事件进行产业整合

"要提升城市竞争力，就必须充分发掘和发挥城市品牌资产的整合作用"，[①]重大事件是城市进行品牌和产业整合的一个重要契机。产业整合对于城市品牌形象的塑造和城市竞争力的提升，无论是从功能上、档次上，还是从形象上、区位上，都会有一个全面的推动作用，并有效地激活城市品牌形象资产存量，充分整合城市品牌资产增量。但借助重大事件进行产业整合要从城市品牌的整体战略出发，运用市场手段，对城市的经济资源、基础建设、自然景观、人文环境和商贸资源进行优化整合和市场运营，从而实现城市品牌资源的优化配置和高效利用，进而提高城市的形象，增强其影响力。

2008北京奥运会对于北京这座城市来说，无疑是一次重要的产业整合机会，后奥运时代的北京已经以更加文明化、科技化和环保化的形象展现在全世界面前。此外，产业整合可以将重大事件融入旅游、文化创意等产业当

---

① 于宁.城市营销研究[M].大连：东北财经大学出版社，2007：78.

中，使事件的参与价值提高，同时也可以扩展公众对事件的兴趣范围，从而延长事件的周期，为举办城市带来更大的效益。戛纳这座小城在这方面就进行了良好的整合，通过全年性的一系列文化盛事，整合了当地的文化风俗、自然景观、娱乐活动等元素，而它们都与电影节、电视节、广告节等重大事件所倡导的价值与主题相吻合，从而促进了戛纳的形象提升。

重大事件在传播过程中具有较广的辐射度和较强的影响力，因此它在城市品牌形象塑造上具有先天的优势。也正因如此，我们看到许多重大事件的举办权成了全球各大城市竞相争取的焦点。而对那些综合实力相对弱一些的城市来说，不失时机地举办一些节庆活动，可以使它们在注意力相对稀缺的媒体环境下赢得社会的关注。在这中间，重大事件、公众人物和多元化媒体的组合，将会给城市品牌带来提升的机会，城市如果能够把握住这样的机会进行产业整合，并逐步清晰本城对自身的定位，那么这无疑是推动城市发展的一个绝佳契机。

随着中国城市化进程的加速以及全球一体化带来的文化交流机会的增多，重大事件作为城市和国家对外传播城市文化甚至民族文化的重要载体，在国际交往过程中扮演着关键角色，并能够整合城市乃至整个国家的经济、政治、文化等资源进而使之效用达到最优化，从而真正塑造我们的城市乃至国家在全球范围内的良好形象。

（本文作者刘新鑫系中国传媒大学副教授，城市形象传播研究基地秘书长）

日本旅游传播和商业传播中的“萌力量”

近几年,中国出现了越来越多很“萌”的传播方式。故宫善于“卖萌”引发关注,其文化创意产品持续热卖;多家央企设计了新媒体卡通形象,如中国石化“小石头”、航天科工“航小科”等。

以动漫为代表的“卖萌传播”已经成为人们喜闻乐见的宣传手法,显示出越来越强的影响力。“萌文化”带动了一批文化产业蓬勃发展,并且成为传播、广告和公共关系的重要抓手,动物、动漫、吉祥物等可爱元素与实体经济的联系也越来越密切。

邻国日本动漫产业发达,以动漫为代表的“萌文化”已渗透人们社会生活的多个方面,影响日益广泛。日本各类组织十分注重通过动漫等方式展现“萌力量”。日本旅游传播和商业传播中的相关做法和经验对我们有一定借鉴意义。

一、何为“萌力量”

在汉语中,“萌”主要指植物的“芽”,同时有“由此衍生”的意思,如“萌芽”“萌生”等。在网络语言和年轻人常用的语言中,“萌”含有“可爱”之意,“萌”的这个含义主要来自日语。在这个含义中,“萌”是一种正面感受,有“可爱”“纯真”“俏皮”等多种相近的意思,包含受众对主体的好感、爱慕、倾倒、执着、兴奋等各种感情。“萌”的载体有很多,如动漫人物、动物、儿童、美少女等。

笔者在《萌力量:可爱传播论》(人民日报出版社,2017年版)一书中提出了"萌力量"(Cute power)的概念。所谓"萌力量",就是各类组织或机构通过挖掘并展现以"可爱"为中心的"萌"元素,通过特定的语言、动作、表情或动漫、吉祥物等形式开展传播、沟通活动,从而实现博得好感、赢得支持、改善形象等目的的力量。"萌力量"在旅游传播、商业传播中有广泛的应用。

人们对"萌"的喜爱,很大一部分源于人们的某种本能。据研究,婴儿是我们对于"萌"的认识模型。著名的熊本熊(Kumamon,酷MA萌)的两个细节——大脸颊和大眼睛,直接对应了康拉德·洛伦茨(Konrad Lorenz)所谓的"婴儿图式":胖脸颊、大眼睛、高额头、小鼻子、笨拙胳膊和腿。不只是人类,动物幼崽都被囊括在康拉德·洛伦茨的理论内。

"萌"是一种与人类婴儿因素高度相关的功能。在面对"萌"元素时,我们很自然地会产生同情心和爱心,因为他们可爱、无助和弱小。"萌"已经成为营销、公关活动的重要手法。"萌吸引力"是一种在人类进化过程中发展了千百年的生物因素,这种因素是为了给后代提供必要的关怀而产生的。但是在近几十年中,"萌吸引"已经转换为一种在目标受众身上"屡试不爽"的有效传播形式。

二、"萌力量"在旅游传播中的应用

旅游传播是"萌力量"最容易运用的领域,如在全球走红的熊本熊,它就极大地促进了熊本县的旅游传播。动物、吉祥物是"萌力量"在旅游传播过程中的常见形态。

(一)动物"萌力量"

很多动物被看作人类的朋友。人们看到小狗、小猫,往往会爱心大发,想去亲近它、呵护它、保护它。人们对动物的这种情感,在宣传和传播活动中可以灵活运用。如日本一些地方任命一只猫为车站"站长",让狗当一个城市的"市长",用这种特殊的代言方式,促进旅游传播和区域经济的社会活化。

动物官员成为极具特色的代言方式,影响力大,宣传效果显著。日本和歌山县的贵志站,就因为任命一只名为“小玉”的猫为“站长”而引发了大众的关注。2015 年 6 月,“小玉站长”的去世还引发了很多主流媒体的关注。

除猫之外,猴子、狗狗、山羊、兔子、乌龟、龙虾、企鹅等都成了车站的“站长”。例如,日本北条町一个车站的“站长”是两只猴子;日本北部青森县站“站长”是一只秋田犬;西山形县站、福冈香椎线车站的“站长”都是山羊;爱媛县火车站选择兔子担任“站长”;鹿儿岛县任命一只非洲龟当“站长”;德岛县任命龙虾当“站长”;志摩市近铁贤岛站的“站长”是一只企鹅;位于滋贺县东南部的湖南市则通过“猫市长”进行旅游宣传。

以动物为载体的“萌力量”传播往往都取得了较好的效果,实现了很好的经济效益。“小玉站长”曾经登上法国纪录片,也曾接受美国 CNN 的采访,还曾出版多部写真集和 DVD。

一只猫,吸引了大量的海外游客,香港、台湾的旅游书籍对其进行了介绍。“小玉站长”成功带动了游客人数的增长,2014 年为和歌山电铁带来了 227 万乘客。

在“小玉”任“站长”之前,贵志站的日均乘客人数仅为 700 人左右,“小玉”任“站长”之后的 2007 年 1 月,乘客人数陡增 17%,到 2007 年 5 月黄金周,乘客数更是比前一年增长了 40%。据关西大学教授宫本胜浩的研究,“小玉”就任“站长”的一年间,考虑其为和歌山县带来的游客增长等因素,“小玉”对经济的综合贡献可达 11 亿日元。

(二)吉祥物“萌力量”

人们通常把吉祥物直接理解为“萌物”,因为很多吉祥物都十分可爱。熊本熊等区域吉祥物是旅游传播的重要载体。区域吉祥物往往被设计成某些动物、人物形象,参与各类推广宣传活动。日本绝大多数都道府县、市区町村等各级自治体都有各自的吉祥物,地方吉祥物已成为日本很多区域传播的重要手段和载体。

整体来看,日本区域吉祥物有如下几个特征。

第一,数量多,受关注度高,影响广泛。2017 年举行的日本全国吉祥物排名活动中,有 1157 件吉祥物参与票选,其中,地方吉祥物 681 件,企业吉祥物 476 件。吉祥物的数量、火热程度和广泛影响力可见一斑。具体来看,经济发达地区拥有数量更多的吉祥物。根据"吉祥物大赛 2015"主办方的数据,2015 年参赛的吉祥物数量达 1727 个,其中东京最多,达 227 个;大阪次之,为 101 个;吉祥物数量最少的是宫崎县,仅有 10 个。

第二,各地各类吉祥物集中体现各类"萌"元素,是"萌力量"的典型代表。如"吉祥物大赛 2011"的冠军得主是熊本县的熊本熊,萌、呆、蠢等各种"萌"元素聚集,让其迅速走红;"吉祥物大赛 2012"的冠军得主是爱媛县今治市的"小黄鸡",其圆滚滚的身体十分笨拙,走起路来摇摇摆摆十分可爱;"吉祥物大赛 2013"的冠军得主是栃木县佐野市的"佐野丸",这个吉祥物以住在佐野市老城区的武士为原型,头顶"佐野拉面"的大海碗,腰佩当地小吃"油炸马铃薯"串,圆圆的眼睛惹人喜爱;"吉祥物大赛 2014"的冠军得主为群马县的"群马酱",出任群马县宣传部"部长",是一匹憨态可掬的黄色小马。

第三,吉祥物传播活动形式灵活,趣味性较强。和歌山县山东地区的吉祥物"竹笋超人"经常到和歌山电铁公司贵志川线的电车厢内向乘客派发巧克力和传单。熊本县曾围绕熊本熊策划"熊本熊失踪了"事件,熊本县知事还煞有其事地召开紧急记者会,以吸引媒体的广泛关注。而奈良县葛城市的吉祥物"莲花酱"和东京都墨田区押业商店街的吉祥物"押业君"则曾在奈良市的奈良公园"秘密约会","莲花酱"还乔装变身,用纸板挡住脸孔。这类极具传播能量的话题策划,与吉祥物形象相得益彰,十分吸引眼球,往往能取得很好的传播效果。

第四,吉祥物成为区域品牌的活名片。一方面,吉祥物走红能极大地提升地方的知名度,省去广告等推广费用;另一方面,吉祥物能为地方带来大量游客和商机。除此之外,吉祥物还能带动周边产品的生产和消费,带动所在地区农产品、文化类产品的生产和消费。

大多数地方吉祥物的诞生都是为了提升区域的人气,对本地区起到宣传推广的作用。如熊本熊担任熊本县营业部"部长",在"他"参加节目时熊本县会积极植入本地的农产品、景点等信息,还会量身打造美食类节目,也会专门推出宣传动漫推广熊本县的牛肉、海产品、蔬菜等特产和旅游信息。熊本熊的走红让熊本县这个僻处日本南部、名不见经传的小县在日本国内声名远播。而今熊本熊的经济效应已经大幅超过了一直被视为收视王牌的NHK 大河剧,足见吉祥物的巨大影响力和经济效应。

三、"萌力量"在商业传播中的应用

人类各种传播活动中的不少经验是从商业活动中总结出来的,这在"萌力量"的相关传播中也不例外,日本的商业活动中也有不少"萌"传播的案例。

在商业活动中,动物同样是"萌力量"的一个重要体现手法,得到了普遍应用。在软银公司系列广告中吸引人们眼球的那只白狗"海君",就是一个典型案例。

这套系列广告以一个日本家庭为背景拍摄,这个家庭的成员十分特殊:父亲是这只白狗,母亲是一位典型的日本妇女,哥哥则是一位黑人,妹妹是一位漂亮的日本女孩。如此怪异的家庭成员的安排,软银并没有给出权威解释,于是人们众说纷纭,这反而更增强了广告的话题性。另外,广告片中,白狗的台词通常由日本演艺界明星配音,很多人也会猜测配音的究竟是谁,这无疑也增强了广告的话题度。

从 2007 年 6 月 1 日首次推出这个系列广告到 2016 年 1 月 1 日为止,软银已经推出数十个版本的广告。从 2007 年开始,连续 7 年,这套白狗系列广告一直占据着日本广告综合研究所广告好感度第一名的位置,这充分证明了"萌"元素在商业传播中的巨大影响力。

此外,一些店铺也以动物为卖点吸引消费者。在东京繁华的涩谷站旁边,有一家叫作樱丘 CAFE 的咖啡店,这家店负责迎宾的是名为"巧克力"和

“小樱”的两只山羊。在店门前小屋中悠然自得的两只山羊被称为“涉谷羊”,它们现在已经成了街区的吉祥物。两只羊吸引了媒体和消费者的广泛关注,成为该店的重要卖点。

日本还有大量以兔子、小猫为卖点的主题咖啡厅、餐厅。日本宇都宫市的一家餐馆有一名特殊的服务生——猴子“阿福”,这只猴子服务生既会递毛巾又会表演节目,惹人喜爱;东京神乐坂的一家咖啡店有一只猫,吸引了很多爱猫者前来;东京江古田一家名为“赤茄子”的居酒屋中,有三只可爱的小猫,它们性格温顺地与顾客玩耍;东京新桥的宜家家庭料理店中也有很多猫,很多食客觉得这些软萌的小猫能让他们一天的辛苦烟消云散。

随着社会的发展、技术的进步和人们对各类亚文化的理解与接纳,“萌力量”传播会在旅游传播、商业传播等多个领域得到更多的应用,“萌力量”与实体经济的关系也将更加密切。

(本文作者赵新利系中国传媒大学广告学院院长、教授)

宣传片走出去城市就真的走出去了吗

城市形象宣传片是展现一座城市的个性的另一扇窗，推窗识城，让很多人在很短的时间内对一座城市有个大概的认识。如今越来越多的城市决策者和营销者都意识到了城市宣传、城市营销的重要性，随着移动互联网与新媒体的普及，城市宣传的传播通道和载体也更加多元。

2015 年 8 月初，如果你碰巧走过纽约时代广场，可能会注意到一支视频短片正在刷屏。如果碰巧你是个河南人或者曾去过河南，在你抬头的时候刚好看到路边大屏上播放的滚动视频，或许你会惊奇地跳起来，中原古都河南的宣传片空降纽约时代广场，吸引了众多国外友人驻足观看。宣传片中，出现了多个河南的标志性元素：既有少林寺、龙门石窟、烩面等极具代表性的中原人文符号，也有大玉米、航空港等中部城市现代化发展的时代印记，美轮美奂的画面接二连三地绽放在时代广场，让世界为之惊艳、赞叹。这支名为《世界，由此东望》的宣传片一经播出即在国内引起热议。据媒体报道，这支宣传片由河南省多家爱心企业共同完成，并由一名河南籍企业家出资促成在时代广场的播放。

这是继北京、上海、天津、山东、哈尔滨等省市后又一个走到“世界十字路口”的中国城市。但宣传片走出去了，我们的城市就真的走出去了吗？

首先让我们来还原一下这个让众城市趋之若鹜的时代广场的真实面貌。时代广场（Times Square，也译为时报广场），是美国纽约市曼哈顿的一块街区，中心位于西 42 街与百老汇大道交会处，范围东西向分别至第六大道与第九大道、南北向分别至西 39 街与西 52 街。

时代广场地处曼哈顿的心脏地带，是最为繁华的娱乐购物中心，是全球观光客到纽约的必游之地，被视为“吸引全球目光”的最佳窗口之一，素有“世界的十字路口”之称。在全球经济风云跌宕的今天，中国正在成为推动世界经济发展的最强驱动力之一，越来越多的中国城市登上了五彩斑斓的LED 大屏幕。

那么问题来了，在世界的十字路口投放广告，价钱几何？当城市在世界广告租金最贵的地方展示“肌肉”已经成为一种刚性需求时，想必大家也想知道时代广场如何收费。新闻中有答案，80 秒 10 万美金。每天数以万计的人流穿梭其间，年均游客流量 4000 万人次，人员流量 1 亿人次。然而，他们都是以美国纽约作为旅游目的地的。

据不完全统计，时代广场的广告牌和屏幕总数超过 230 块，目前有三家中国广告公司在此拥有自己的广告投放位。三块“中国屏”该如何带领中国城市杀出重围？显然，选择在这里投放广告的政治意义远大于传播意义。

2011 年 8 月，新华社的全资子公司新华影廊在时代广场 2 号楼上租下一块广告牌，专门招徕那些希望在时代广场上亮相的中国企业。

2012 年 3 月 1 日起，大连户外媒体集团国域无疆正式获得时代广场 1 号一块面积近 100 平方米的 LED 大屏的运营权，为期 5 年，它们将这块屏幕正式命名为“中国红屏”。

成立于 2014 年 2 月的蓝色光标旗下子公司蓝色天幕是标准的后来者，《后会无期》就是通过蓝色天幕提供的广告位代理服务将预告片放上时代广场大屏幕的。

中国的各个城市将城市宣传片投放于此，对城市来说有哪些积极意义？我们的城市又该如何做到真正意义上的走出去？2014 年，万博宣伟与中国传媒大学城市形象传播研究基地成立了“城市走出去”项目组。万博宣伟首席策略官李蕾对城市宣传片如何辅助城市品牌的海外传播有较为深入的思考，她认为城市宣传片走出去要做到以下几点。

第一,明确传播目的与受众群体,精准选择宣传渠道。

随着全球化的到来,一些城市逐渐成为开放的旅游城市,宣传片亮相时代广场是城市在国际营销上迈出的重要一步。对于任何城市的对外宣传而言,宣传目的很重要,不要为了播放而播放,而要从真正的战略规划角度出发,明确传播目的,搞清受众群体如何吸收资源与信息,这是一个很深刻、很广泛的问题。

时代广场作为世界知名的旅游观光地,如果说选择在这个"世界的十字路口"投放广告,其实很多中国的城市并不是很了解。其实在这里,多半路过的人群并不是我们真正想吸引的来中国城市观光旅游的人群,他们是已经选择了美国为旅游目的地的观光客,也许未来他们会选择中国,可是在那个嘈杂繁华的地区,在那么多大屏幕户外广告轮番播放的环境下,想让他们的注意力聚焦在"中国屏"上,非常困难。

第二,中国城市在海外的城市形象及旅游形象传播应尽早打破以省为单位的传统壁垒。

外国人其实对于中国城市的了解甚少,多数人只知道北京、上海或者香港等国际知名度很高的城市。其他省市像河南,如果以省的概念出来其实对他们来讲并不是很清楚。就像我们知道芝加哥,但是究竟芝加哥位于美国的哪个州我们国人并不十分清楚。从省的角度去做传播,在理解度与知名度太低的情况下,我们的城市想用形象宣传片的形式走出去,30 秒、50 秒的时间基本达不到一个能够让人理解的地步,这在传播上是一个困境。

第三,找到城市传播的区隔点,选取城市核心传播要素,以讲故事的方式进行艺术创作。

我们的城市宣传片在拍摄的时候,大多希望将所有城市精华都囊括在30 秒之内。以河南为例,当外国人都不知道我们的河南省在哪里,也不知道城市的代表物是什么的时候,突然间出现的河南省内十几个各种观光风景区和特色产品他们是根本吸收不进去的,因为他们太不了解河南了。

世界上有很多成功的城市形象传播经验值得我们借鉴。伦敦,城市的故事就是讲述历史,在这个城市中发生的各种历史事件,与这个城市相关的世界名著，当我们被吸引后，就会对城市做进一步的了解与调查并进行分享，这样就完成了基本的传播闭环。又比如说巴黎，其定位是一个充满罗曼蒂克味道的城市。当然它还有更多其他的亮点，比如文化、建筑、美食等。但是巴黎却只选择了罗曼蒂克，因为这是人们最为关注的点，是巴黎与其他城市之间的区隔所在。当城市找到了一个特殊的点来吸引你，并且鼓励你接下去再去做进一步的发掘时，它就成功了。

外国人对中国目前还很陌生，城市宣传片山东做过，其他省市也做过，但是对于他们来讲，他们根本搞不清中国每个省与每个省之间有什么区别，当我们的城市与城市之间没有区隔点的时候，就很难达到传播的目的。

第四，新媒体时代下，城市宣传片应该选择结合新媒体元素共同打造。

在新媒体大行其道的当下，多种传播渠道并行是大势所趋。对于城市与旅游形象的海外传播，我们不能只拍一支宣传片放在那个世界的十字路口上就了事，而应主动选择更多的社交平台去跟我们想要覆盖的人群互动。只有我们的城市宣传片整合了新媒体的元素，让受众能进一步通过互联网找到并发现更多的城市信息，我们才能够收到我们预期的最终传播效果。

北京大学教授、中国区域科学协会会长杨开忠教授也曾说过，中国城市的向“外”营销启动得并不晚，但面向全球的城市营销可不能“一拍脑门”就决定。全球城市营销需要有科学性，要对国内外环境进行广泛、深入的调查、分析，在此基础上确定目标和竞争对手，然后再确定营销方案。

同时，他认为在全球竞争激烈情况下，要保持高度竞争意识。现在都想怎么吸引旅游者、投资者，怎么比竞争对手更能满足客户。不能掩耳盗铃，不能只生产导向、产品导向，更多需要的是客户导向。① 他强调此目的是了解目标客户的偏好和需求，再把握这种偏好和需求的规律和趋势，继而决定如何包装与推广。②

（本文作者王颖系“丁俊杰看城市”微信公众号编辑）

①② 谭晓娟.派出一只熊猫 欢迎老美来成都[EB/OL].(2011-08-04)[2022-05-08].https://news.sina.cn/sa/2011-08-04/detail-ikftqnny4967802.d.html? from=wap.

城市形象的视觉塑造

长城之内是花园，最美叙述在园林。一向以低调内敛著称的苏州园林，不久前凭借一部历时三年打磨而成的大型纪录片《园林——长城之内是花园》强势登陆央视 CCTV9 纪录频道。该片立足于苏州，以苏州园林为核心，以点带面，辗转了全国 10 个省市和地区以及海外。

剧组拍摄了苏州几乎所有的名园佳所，从拙政园、留园、沧浪亭，到狮子林、怡园，以及同里、木渎等水乡古镇。三年打磨，一朝花开。2015 年，在第 50 届法国戛纳春季电影节上展映的纪录片《园林——长城之内是花园》在中央电视台播出。而其中文版片花一经发布就被网友疯狂转发，更被誉为简直就是苏州的城市形象宣传片。

在视觉转型的时代，视觉以其独特的方式把握世界，不仅有些知识可以可视化，作为独立的个人也可以以影像的方式反映人们对于自然、人类与社会的认知。城市的形象也从老舍散文中《济南的冬天》过渡到影像上海中的《外滩》。城市在变迁，影像也在变化，纪录片成为构建城市视觉形象的重要艺术形式之一，在城市形象塑造的路上不断践行。

一、城市形象塑造与纪录片的市场化

城市的形象既有恒常的一面，也有变动的一面。一方面，由于历史的传承，城市天然获得其形象。另一方面，由于文化、空间、时代的变迁，其形象也因变动而复杂起来。尤其是城市形象的主动建构，它既是一种行政行为，也涉及政府之外的其他行为主体,比如生活在其中的居民意志的集纳,因而具有变动的特点。城市的视觉建构不能不考虑政府与居民个体意志之间的平衡,这样才能建构出动态而稳定的城市形象。

(一)城市的视觉影像构建

对许多人而言,乡村既是一种真实的存在,也是一种精神的田园,关于乡村的纪录片一般过滤了其凋零颓败的一面而展示其温暖的侧面,寄托了创作者的诗意。随着城市化的迅猛发展,乡村逐渐远去,城市成为人们每天所面对的空间,在这里梦幻与真实、温情与冷酷、生存与挣扎,种种生活与情绪相互交织。这是个人层面对城市的感觉,它和人文地理纪录片有天生的契合点。

当城市可以包装,可以带来直接的经济利益时,在经济的大潮中,城市名片便被一张张印制出来,其经济功能被强化,行政的力量得到充分运用,城市的形象建构被纳入政府的议事日程之中,服务于城市的经济与社会发展目标。典型的例子是,在举办 2008 北京奥运会、2010 上海世博会等重大活动的过程中,各种宣传片、形象片展示了城市让生活更美好的一面。北京、上海的视觉形象建构取得了全世界传播的效果,并被许多城市所复制,结果导致了城市形象片“千人一面”的景象。

这个时候,中国的纪录片面临的是生存问题,市场化被认为是其中的出路之一。当人们迷失在城市大规模复制的影像中的时候,当纪录片人迷惘于生存或发展的时候,他们恰逢其时地走到了一起,城市以更加真实可靠的力量参与到城市视觉形象的重塑之中。

(二)纪录片的市场化

纪录片是家庭的相册,也是城市的相册,它的力量来自真实的力量与艺术的力量。纪录片的影像是现实的渐近线,拍摄的画面、摄录的声音以及影像在时间维度上展开,再现出一个四维的现实的时空。同时,影像以纪录片的方式叙述城市的存在形态、城市人情与故事,以情感的方式直击人的心灵。这种力量很自然地被应用在城市营销的过程中,以隐蔽而有力的方式刻画城市的样子。

与此同时,由于自身的特质,纪录片不仅耗时耗力,而且在媒介市场的竞争中近乎陷入生存困境。这个时候,纪录片需要主动进入城市视觉建构的进程。一方面,城市作为人类文明的结晶,它的历史文化建筑、人文乃至日常生活都是纪录片很好的题材,纪录片需要为城市建立影像档案。另一方面,人文地理纪录片在承担城市视觉建构的过程中也将获得生机。

二、城市形象与纪录片的审美

人文地理纪录片以艺术的方式表达对城市的情感与叙事,它的审美具有独特性。

(一)城市形象纪录陌生化

尽管纪录片形态多元,但客观与感性的叙事却必不可少。它是城市影像纪录故事真实与影像真实的合一;同时,它的叙事方式的陌生化又塑造了熟悉而陌生的城市与熟悉而陌生的城里人。

早期的城市纪录片,如沃尔特·鲁特曼的《柏林:城市交响曲》以柏林一天的生活为记录对象,工业化、交通、娱乐等内容尽纳其中,是一部探索视觉系统与剪辑节奏的纪录片;吉加·维尔托夫的《持摄影机的人》记录了观众入席、城市黎明、人们的工作与休息、体育运动和艺术实践等内容,通过节奏、对位关系、视觉等多方面的实验,展示了苏维埃新社会中一个理想化的城市。

上海世博会纪录片、周兵的《外滩佚事》、贾樟柯的《海上传奇》等则一方面展示了城市的全景与影像背后的城市意志,另一方面又展现了艺术家的个性审美。它们以陌生化的审美距离,刻画了艺术家的“胸中之竹”,具有较高的艺术价值,从而能够以艺术的形式承载城市宣传的重任。

(二)城市形象纪录日常化

城市纪录片的主体,一方面是城市行政力量组织的官方与半官方艺术家的拍摄,展示的是全景式的景观,即使像《一个人与一座城》以及李晗的《一本书一座城》,它们强调的依然是陌生化审美视角的高大上城市形象。

另一方面,由于技术的进步、DV与单反相机的普及,纪录片的草根化突破了技术的门槛,人人都是艺术家的记录理念开拓了纪录片的新视野。尽管有些草根题材在有些人看来记录了城市的阴暗面。然而,面对困境,城市人所展示的勇气与情感的力度会更加强大,人性的美好与丑恶更能够直击人心、引发共鸣。这些纪录片让城市的生活更加立体而真实。此外,草根纪录片对于草根阶层的记录,以平民角度反映其对于城市的认知,更能够获得广泛的认同。

记录主体的多元,记录形式的多样,从一个侧面反映了一个城市的包容与美好。

因此,民间纪录片创作的力量将是下一个阶段城市纪录片的新出口。未来的城市纪录片应该更多的是来自市民的力量,他们内心对于城市的喜爱与真诚也将使城市变得更加美好。同时,互联网思维的转变、众筹的应用等将使得城市纪录片市场更加繁荣,从而促进城市视觉形象的建构与传播。

(本文作者潘可武系中国传媒大学教授)

篇五

找准资源打好牌，城市营销也可以走捷径

体育与城市“联姻”已成为当今全球城市发展的潮流。在打造城市品牌的过程中，以体育为抓手进行城市营销是提升城市吸引力和竞争力的有效战略。以水为媒，广西柳州、重庆彭水等中小城市借助水资源优势，纷纷走出了拥有自己特色的体育营销之路，借助水上体育赛事，实现了城市形象的新突破，促进了旅游业态的发展，促进了政治、经济与文化的发展，获得了更大的效益，增强了城市竞争的软实力。

一、成功案例简析

（一）柳州：“水上娱乐运动之都”品牌渐显效益

柳州是以工业为主、综合发展的区域性中心城市和交通枢纽，是山水景观独特的历史文化名城。从建城至今已有两千一百多年的历史。翻看我国的奥运冠军名录，可以发现很多柳州籍运动员的名字：李宁、江钰源、陆永等，当然还有中国篮球名将朱芳雨。可以说，柳州的竞技体育水平很高，但即便有如此多的冠军选手，他们的高知名度却并没有和柳州产生太多的联系。这个现象也促使柳州主动将视角从一味重视竞技体育转向两手抓，结合自身得天独厚的自然条件，下功夫打造自己的品牌赛事。

在采访时，柳州市体育局副局长吕青专提到：“2008 年开始，柳州已经连续八年举办水上运动赛事：2008 年是 F1 摩托艇世锦赛；2009 年以后又把 F1

摩托艇世锦赛融合成一个具有柳州特点的水上极速运动大赛，又连续举办；从 2011 年开始，我们又举办了中国摩托艇联赛和内河名人帆船赛。这些赛事落地柳州，既使得柳州人民能够在家门口享受到这种运动赛事的盛况，同时我们也通过赛事加强了城市的宣传，使柳州的城市影响力和知名度不断扩大和提高，也能让来到柳州的游客度过休闲、健康、愉快的旅程。此外，我们通过引进这些赛事，也推动了本地体育产业的发展，推动了水上运动，特别是摩托艇运动、帆船运动在本地的推广和普及。”

仅 2008 年，柳州共接待国内外旅游者 913.53 万人次，同比增长 16%。尝到甜头的柳州人紧紧抓住水上运动不放，随即又引入了世界水上极速大赛（IAC）。在 2010 年 2 月份的柳州市十二届人大八次会议上，时任柳州市市长郑俊康所作的《政府工作报告》提出，要加强公共体育设施建设，着力打造“水上娱乐运动之都”。2011 年，柳州再次推出水上狂欢节，让水和普通百姓走得更近。2014 年，当柳州已经第五年和水上运动牵手的时候，柳州已经彻底扭转了其在人们心目中“工业城市”的形象，变身为一座文化之城、宜居之城。

从 2011 年开始，柳州市政府配合相关水上赛事，推出全民娱乐节庆活动——柳州水上狂欢节，连续五年将赛事与节事捆绑营销。这些赛事和节事一方面使柳州人民能够在家门口欣赏水上运动的盛况，另一方面又加强了城市宣传，使柳州的城市知名度和影响力不断扩大和提高。大赛推动了柳州水上运动的普及和体育旅游的开展。2010 年以来，柳州相继成立了摩托艇协会和帆船游艇协会，同时也建立了相应的俱乐部。协会成立之后，经常开展一些群众性赛事，组织一些会员去体验，同时也兴办了一些培训学校并不断扩大培训规模，从而使得参与这些水上运动，特别是摩托艇、帆船运动的市民越来越多，赛事对于城市相关产业发展的推动作用越加明显。

之所以选择做水上赛事，柳州方面有自己的考虑。因为过去柳州是一个重工业城市，又曾经有过“酸雨”的污染，虽然经过多年治理已经今非昔比，但它在人们心目中的印象很难改变。为了改变人们对柳州的不利印象，举办水上比赛是一个不错的选择。摩托艇赛对水体的水质有着较高的要求,水质要清澈无污染。能够举办水上项目比赛,证明柳州已经摆脱了“污染”的帽子,而借助体育赛事来做宣传,显然比单纯宣传更具有说服力。现在来到柳州的游客很难想象十几年之前,这里还是被称为“十雨九酸”的“酸雨之都”。充满速度与激情的水上赛事为柳州带来了无可比拟的积极态度和壮观景象,柳州正以全新的城市名片——“水上运动娱乐之都”亮相世界。

(二)彭水:“一节一赛”,打造城市知名度

彭水(苗族土家族自治县)位于长江上游、重庆市东南部,地处武陵山区,居乌江下游。优越的地理位置使其远离了工业化带来的环境破坏,保持了良好的生态环境。彭水境内拥有世界级峡谷景观“乌江画廊”“天下第一漂”阿依河、“养生天堂”摩围山、“蚩尤九黎城”“盐丹故里”郁山古镇五大精品景区。在彭水人眼中,苗乡、山水、文化是彭水拿得出手的三张名片。

从 2011 年彭水承办中国摩托艇联赛及中美澳艺术滑水对抗赛开始,五年来,彭水坚持将体育赛事与节日庆典、旅游资源和民俗民风相结合,产生了强大的聚合裂变效应,从而使彭水的旅游产业、区域经济和民族文化得以齐头并进。据统计,彭水地区生产总值从 2010 年的 66 亿元增加到了 2014 年的 108.8 亿元,地方财政收入从 8.6 亿元增加到了 20.6 亿元。节赛活动促进了彭水旅游的飞速发展,旅游人次由 2010 年的 101 万人次增长到了 2014 年的 1042 万人次,旅游综合收入由 1.8 亿元增长到了 33.5 亿元。

同时,赛事和节庆活动的举办也推进了彭水城市基础设施的建设。近几年,彭水的基础设施建设发生了翻天覆地的变化,交通动脉变得更加顺畅。彭水西至县城的旅游景观大道打通了 4.3 公里的摩围山隧道,缩短了县城至新城、“蚩尤九黎城”、摩围山景区的距离。除了阿依河、郁山古镇、摩围山等传统景区外,“蚩尤九黎城”是彭水县政府近年来新打造的旅游项目,建成后将成为目前中国最大的吊脚楼群,成为彭水旅游的接待中心、集散中心和服务窗口,成为重庆市首个苗家 4A 级景区。

在采访时,彭水县委书记钱建超说道:“我们一直把‘欣赏水上运动,体验民族风情’作为中国乌江苗族踩花山节暨中国·彭水水上运动大赛的主

题,所以在中国摩托艇联赛重庆彭水大奖赛这个重要的时间节点,我们会配套安排一系列弘扬传统文化、展示民族风情、展现秀美风光的文体活动。这样做的目的,是用文化和旅游来充实、丰富摩托艇大赛的内容,增加亮点、看点,把单一的赛事变成集旅游推介、文化展示、民俗展演于一体的综合性体育活动,提高赛事的吸引力。”近年来,借助中国摩托艇联赛这个平台,彭水做足做活了“山、水、情、史、节”五篇文章,并先后获得“中国最佳文化旅游休闲县”“全国十大新兴旅游目的地”“中国特色旅游休闲度假胜地”等殊荣。

二、成功案例原因分析

(一)全方位评估,找准城市特色,挑选适合自己城市举办的体育赛事

柳州、彭水之所以选择水上赛事,也是从城市资源及城市宣传需求来考虑的:柳州需要通过水上赛事推出自己中国“水上娱乐运动之都”的城市新名片,彭水则要借助水上赛事打造自己“不墨乌江画,无弦苗乡音”的乌江苗乡文化。它们在举办体育赛事之前,对城市进行了整体评估,在找准定位之后通过赛事的连续举办来强化宣传效果。

(二)挑选专业赛事机构运营,打造成熟的赛事运营模式

柳州、彭水之所以获得成功,除了抓对了项目,也抓对了模式。柳州、彭水采用的模式是由企业来运营,社会来出资,政府来支持。由于有专业的赛事运营商和品牌传播机构,因而能做出精品赛事。这样政府不仅“省心”,而且效果也非常突出。

(三)鼓励全民参与,孵化相关产业发展

随着赛事的深入人心,柳州成立了摩托艇协会和帆船游艇协会,同时也建立了相应的俱乐部、培训学校,从而推动了摩托艇产业上下游的全面发展,也推动了城市的经济发展。柳州在办赛前期通过动员会、预赛、抽奖等

形式鼓励全城民众积极参与,以激发民众的观赛参赛热情,为相关产业的发展创造更多的可能性。

(四)节赛联办,打造聚合效应

以水为媒,广西柳州、重庆彭水深度挖掘城市旅游、文化相关资源,通过水上狂欢节、踩花山节等符合城市气质的节庆活动与赛事活动相结合的形式,实现了聚合效应,全方位地展示了城市优势资源。

(五)注意赛事城市两条宣传主线

体育营销的重点是通过赛事这个窗口实现城市形象的新突破,促进旅游业态的发展,促进政治、经济与文化的发展,以获得更大的效益,增强城市参与竞争的软实力。所以在传播层面,城市需要设置两条主线,认准受众人群,一方面宣传赛事的专业度,让更多的体育迷和运动迷关注赛事,从而了解城市;另一方面全方位地展示城市的优势资源,让更多的游客、潜在投资者对城市产生更大的兴趣,从而促进城市相关产业的发展。

(本文作者卫玮系中国传媒大学广告学院旅游传播研究中心秘书长)

篇六

工业之城:从工业生产重镇到创意生活城市

电影《让子弹飞》刚开始时,葛优、刘嘉玲、冯小刚饰演的马县长、县长夫人和汤师爷在一辆被铁血十八星陆军护送的马拉火车上,吃着火锅唱着歌,就被以姜文饰演的张牧之为首的绿林侠匪给劫了。

电影中八匹纯血高头白马四蹄翻飞,车轮与铁轨撞击隆隆作响的"马拉火车"梦幻奇景被虚构在南部中国,但"马拉火车"的真实历史却发生在中国唐山。

1881年,长度只有9.7公里的唐胥铁路修建完成,中国制造的第一台蒸汽机车——龙号机车开始运营,目的是运输煤矿。这标志着中国铁路史的开端。但好景不长,因为唐胥铁路靠近清皇陵——清东陵,慈禧当政时的顽固派认为机车行驶会"震动东陵""喷出黑烟,有伤禾稼",龙号机车被勒令禁驶。于是,就出现了震动小、不冒烟、低排放、无污染的"马拉火车"历史桥段。这是一个具有标志性的时代闹剧,预示着中国近代工业革命在没落的晚清破土而生、势不可当。

唐胥铁路和龙号机车最终还是恢复了运营。以此为起点,经过一个多世纪的不断创新和建设,如今,中国已经建成总里程达12.4万公里、居世界第二的铁路网。中国自主研发的高铁网络总里程高达2.2万公里,占全世界高铁里程的60%多,这使得中国成了名副其实的高铁第一大国。当我们乘坐舒适、便捷的高铁可以朝发夕至快速抵达任何一个城镇时,我们不能忘记唐山那段9.7公里长的唐胥铁路以及开启中国近代工业文明的城市——唐山。

(一)中国铁路的源头:工业时代的两端

唐胥铁路给中国带来的不仅仅是运输速度,更是一种新的世界观,以及以铁路为纽带而产生的新生活方式、新人际关系和新感知模式,它极大地推动了中国工业革命,加速了中国的国际化和现代化的历史进程。

如果能够画一张中国铁路发展的时空图,我们会发现,总里程长达 2.2 万公里的中国铁路,是以唐胥铁路为起点而遍布全国的,所有的铁路线都在向唐胥铁路汇集、连接。在中国铁路网的起点,坐落着一座城市,叫作唐山,她是中国近代工业的摇篮,被誉为"英雄城市"。

如今,这座英雄城市跟其他老工业城市一样,面临着工业去产能、工业污染等转型的阵痛。我们不能躺在历史的功劳簿上求生存,但是可以躺在历史的遗产簿上谋发展。在体验共享经济潮流的驱动下,工业城市都在探索"黑转绿"的创新发展模式,从注重生产拉动向注重生活消费转变,从工业生产空间建设向创意生活空间转变。打造主客共享的文化创意城市成为工业城市的创新发展路径,唐山也不例外。她需要向传统要创新,向工业遗产要效益,向新兴消费方式要灵感,发展工业旅游,以文化创意经济促进城市复兴。

在这种思维视野下,重新审视唐山的资源价值,唐山工业文明的积淀就显得格外耀眼了。在文化旅游体验消费中,人们总是对那些具有时代标志性的遗址、人物、现象等产生由衷的关注,而唐山不缺乏这些要素,这座城市曾经产生过中国近代史上的七个第一:

第一座机械化采煤矿井、第一条标准轨距铁路、第一台蒸汽机车、第一桶机制水泥、第一件卫生陶瓷、现存的第一张股票(开平矿务局老股票)、第一位中国本土大学教授。在中国工业现代化进程中,唐山功勋显著、璀璨耀眼。这些遗产都是因工业而兴的唐山的新型富矿,是唐山打造工业旅游、建设创意城市的优势资源和创意源泉。

唐山,已经开启了新的征程。继打造中国近代工业博物馆、中国水泥工业博物馆——1889 文化创意产业园、开滦煤矿博物馆等项目之后,2017 年

10 月 26 日,唐山正式开通“中国铁路源头游”,具有 136 年历史的唐胥铁路重新载客运营。该线路全程 13.84 公里,起始站为 2016 世园会站,途经唐山南站、1878 开滦站、1889 启新站,最终返回 2016 世园会站,环线一周,将唐山最具代表性的百年工业遗址串联起来,让人们穿越时空看唐山,体验中国近代工业的崛起历程。

在这条旅游线上,还有许多百年以上的历史遗存,比如中国最早的铁路立交桥——1881 桥以及第二年建设的 1882 桥;中国铁路发展史上最早的具有物理形态的文物——1881 唐胥铁路地界石和 1894 年建设的唐山站等。

值得注意的是,“中国铁路源头游”的机车采用的是中车唐山公司研制的、目前世界最先进的有轨电车,这也是全球范围内氢燃料电池有轨电车首次商业运营——100%低地板技术,车厢地板距轨道面仅有 35 厘米,无需站台;最小转弯半径仅 19 米,可沿现有城市道路直接铺设轨道,在地面行驶和停靠,让乘客轻松搭乘。车内设有无线 Wi-Fi 网络系统,乘客可以自由接入网络了解出行信息或享受无线上网服务,这标志着中国在新能源轨道交通领域实现了重大突破。

我们熟悉的和谐号就是由中车唐山公司自主研制的,其中 CRH380BL 动车组运营试验时速达到 487.3 公里,世界第一。而最新推出的时速 350 公里的复兴号中国标准动车组已经开始载客运营。唐山制造的高速动车组、铁路客车、城轨车、城际列车等产品已经出口到 20 多个国家,成为中国重点出口战略的“铁老大”。

当乘坐中国自主研发的氢燃料电池有轨电车,在晚清洋务运动“师夷长技以制夷”思想主导下铺设的中国首条铁路——唐胥铁路上无声滑行时,这是穿越时空的隐喻。透过电车窗口,遥想时代的两端,我们看到的不仅仅是唐山百年工业遗址,还有跨越 136 年,新技术革命带给近代中国的变迁,以及中国变革创造的世界奇迹。

(二)唐山工业博物馆:中国工业的历史回响

作为一座具有百年工业史的城市,在唐山,随处可见被废弃的工业遗址。作为曾经的工厂，它们是冰冷的，而且与新型的现代化都市有些违和。但作为唐山崛起的基石，它们充满沧桑的暗淡里，却承载着一个多世纪无数仁人志士和普通劳动者的热血激情，让唐山这座城市充满可见、可触、可感的人文历史温情。

2017年9月16日，中国(唐山)工业博物馆进入试运营阶段并迎来首批观众，博物馆以“吸收国际国内工业博物馆最新理念，深度挖掘唐山工业精髓，打造一流特色主题博物馆”为理念，占地面积110亩，场馆面积6000平方米，采用现代设计手法、现代审美理念、现代时尚元素，让那些固化的器物活化、时尚化，经由影音视听的集成化、全息化展示，立体化呈现出流动的工业文明之路。这标志着唐山工业遗产开始从“生产器物”迈向“文化印记”，以重塑文化价值弘扬唐山近现代工业文明，延续工业历史文脉，放大城市文化功能，让人们深入唐山工业文明的内在肌理，体验这座城市时空交响的温度。

“中国第一台蒸汽机车艺术装置”雕塑——龙号机车模型成为唐山工业博物馆的标志性建筑，矗立在工业园区入口。正是它的艰难面世，拉响了中国铁路运输史上的第一声汽笛；也正是它的横空出世，打破了中国被禁锢的工业发展，加速了中国的工业化进程。

漫步在唐山百年工业之路文化长廊，我们可以看到世界工业发展史对中国工业发展史所产生的影响，在四次工业革命的浪潮中，中国工业从“拿来”到“自发”，从独创到领先，逐步走上了工业强国之路。

唐山依海而建，因煤而兴，乘洋务之风，造工业大城。唐山以开滦煤矿为起点，不断拓展工业产业的外延和业态，先后诞生了唐胥铁路、启新水泥、唐山电力、唐山陶瓷、唐山钢铁等引领中国工业浴火而生的创造创新之企业，一路风驰电掣不断刷新着“中国制造”的新巅峰，改善着中国的工业生产效率和人民生活水平。工业博物馆以“工业之路”为主题，系统全面地展示了这些具有时代标志性的突破对中国经济腾飞和生产、生活质量的提升所产生的重大影响。

在唐山工业博物馆现代工业展区展示的“贡献新中国、震后新建设、赶超新跨越”三大板块中,我们可以看到唐山一个多世纪以来清晰的发展脉络,唐山是一座极具特殊性、典型性和代表性的城市。19 世纪末,中国近代工业在这里起步,唐山见证了中国近代工业的崛起,是“中国近代工业的摇篮”;20 世纪 70 年代,震惊世界的唐山大地震发生,经历灾后重建的唐山成为一座凤凰涅槃的工业新城;1997 年以来,唐山开启环境优化和城市美化工程,尤其是将曾经被废弃的开滦采煤沉降区打造成南湖生态城,并成功举办了 2016 世界园艺博览会,标志着唐山正从工业化迈向后工业化,从现代走向后现代,从工业生产城市转向创意生活城市。

这座经历过天灾浩劫的城市,一直没有停止过创造奇迹。唐山大地震 10 天后,开滦煤矿便开始出煤;震后 14 天,唐山发电厂并网发电,唐山机车厂造出第一台“抗震”机车;震后 28 天,唐山钢铁公司炼出第一炉钢,被誉为“志气钢”;震后 120 天,唐山工业生产整体恢复到震前水平,水泥、陶瓷、纺织等行业也纷纷恢复生产。

毛泽东曾赞誉唐山工人“他们特别能战斗”。是的,正是这种特别能战斗的精神,让涅槃重生的唐山以更加靓丽、雄健的风姿与创造力,在改变自身命运的同时继续推动中国工业的振兴与强大。

抛开宏大的历史叙事,人才是以技术创造奇迹、推动历史演绎的核心。唐山工业博物馆中专设了“工业之星”展演中心以及“周学熙 · 会客厅”“金达 · 音乐吧”“茅以升 · 数字馆”“汉斯 · 昆德 · 生活馆”“詹天佑 · 实践馆”等,将餐饮、休闲、娱乐、互动体验等融为一体,以人物命名的主题馆是唐山工业博物馆设计者对历史的尊重,对人的关照,对知识的敬仰,是今天的我们对勇于革新创作的先辈的致敬。

在这里,我们能够感知到一个多世纪以来,中国工业在这些时代骄子呕心沥血的创造性贡献中,从无到有、从小到大、从弱到强、从落后到领先的时代回响。

(三)南湖:工业城市向生态城市转型的典范

在 2017 年热播的反腐剧《人民的名义》中,林城市委书记李达康曾经把一篇煤矿塌陷区改造成城市湿地公园,实现了从“一城煤灰半城土”向“一城青山半城湖”的转型。这个故事便取材于近年来老工业城市“黑转绿”的城市改造,是对以“两山理论”构建生态文明、实现可持续发展的理念的呼应。

有人说,这个故事的原型就是唐山南湖,这个由煤矿塌陷区改造成的生态公园,因为举办 2016 世界园艺博览会而蜚声海内外,让世界看到了老工业城市唐山的另一面——她不仅是一座工业城市,还是一座园林城市。

在唐山市中心南部,曾经有一片总面积达 2.08 万公顷的采煤塌陷区,形成塌陷坑 53 个,这里人迹罕至、杂草丛生、垃圾成堆、黑水横流,是唐山的一道“城市伤疤”。唐山大地震灾后重建,塌陷区成为生活垃圾、建筑垃圾的堆积场,垃圾堆高达 50 米。垃圾居高临下,那真是“大风起兮腐飞扬,整座城市臭凄惶”。

1997 年,唐山市委市政府开始实施生态绿化工程,规划将此处建为集游憩观赏和水上活动于一体的大型综合性生态区。经过十多年生态修复和绿化建设,2008 年,由“九湖五岛”组成的南湖成为树木成荫、草坪翠绿、湖水清澈的生态城。这个曾经被垃圾山丘占据的地方,华丽转身为唐山最具开发价值的地块,先后吸引了万科、绿城、新华联、新加坡仁恒和美等十几家国际知名房地产开发企业争相进驻,成为唐山的新投资热土。唐山打造了一个“变劣势为优势,化腐朽为神奇”的老工业区改造典范。

2016 世界园艺博览会的成功举办,对于南湖来说又是一次按国际化标准提档升级的机遇。中国有七座城市举办过世界园艺博览会,其他六座城市分别是昆明、沈阳、台北、西安、锦州和青岛,而唐山世界园艺博览会的独特之处在于,这是首次利用采煤沉降地,在不占用一分耕地的情况下举办世界园艺博览会。

按照国际化高标准规划,世界园艺博览会会址分为核心区和体验区两部分,总体规划面积 22.6 平方公里。其中,核心区占地 5.4 平方公里,规划为“一轴八园”;体验区占地 17.2 平方公里,经过生态修复、遗产挖掘、景观绿化、水系净化等,建成集生态保护、休闲娱乐、旅游度假、文化会展、住宅建设、商业购物、高新技术产业为一体的休闲度假胜地、文化创意园区,着力打造资源型城市转型的典范及生态文明重建的标杆。

曾经50米高的垃圾山一去不复返,50米高的凤凰台成为南湖的新制高点,象征着南湖经历的涅槃重生。登临其上,眼前只见绿树成林、芳草茵茵、繁花似锦、湖光潋滟、波平如镜、清风弄影,令人心旷神怡。120多个景观景点,30多种新业态游乐项目,展现了好玩南湖、生态南湖、神奇南湖、文化南湖的新图景和新魅力。

作为唐山"城市四大主体功能区"之一,南湖通过生态重建、文化创新,围绕新广场、新公园、新居民区及其周边新服务业的配套建设,演绎了一座老工业城市的新时代理想——拓展城市生态文化价值空间,打造宜居宜游宜业的创意生活空间。

近年来,唐山先后获得"中国范例卓越贡献最佳奖""中国人居环境范例奖",被评为"全国生态文化示范基地""中国最佳休闲中央公园""国家4A景区"等,这一项项殊荣都是一座工业城市创新发展的理想光环。不得不说,南湖的建设是对"两山理论"最好的实践,它创造了一个工业城市生态改造的现实奇迹,为老工业区的转型复兴贡献了一个世界级的经典案例。

(四)结语

然而,对于一座具有丰厚工业文明积淀的城市来说,唐山工业旅游的探索才刚刚起步,将工业遗产转化为城市文化空间是政府的职能;但是,将文化空间转化为消费空间,使其供需对等,可持续转化经济效能,则需要市场的力量去推动,需要用业态去赢利。因为文化项目同时也是经济项目,需要通过公众参与和公民意识来强化城市的多元文化特色,从而促进城市旅游业和文化创意产业的可持续发展。

一座具有吸引力的文化创意城市,要用优越的文化环境去吸引更多的个体经营者和高收入的创意者集聚于此,如艺术家、建筑师、音乐制作人、时尚设计师、影视编导等具有敏锐城市消费嗅觉的群体,他们需要这样的创意环境去激发新灵感,创作艺术、音乐和文学作品,他们会成为城市的文化名片,吸引更多的人来感受实地的文化气氛。唯有创意人才的汇聚,才能托起创意城市的文化创新理想，这需要用市场化的手段去经营。从这个逻辑来衡量，唐山工业旅游和文化创意产业的开发任重而道远。

2017 年 10 月，由唐山发起的“中国工业旅游产业发展联合体”在南湖国际会展中心成立，全国 13 个省（自治区、直辖市）、39 个重点城市、26 家工业旅游企业、51 个旅游相关机构成为联合体会员，这不仅是唐山发展工业旅游促进城市转型的决心，也标志着中国工业城市的集体觉醒，工业旅游已经迎来创新发展的春天。

2017 年 7 月，唐山文化旅游投资发展集团有限公司正式成立，这是经唐山市政府批准组建的大型国有独资企业。作为唐山文旅产业的龙头企业，集团承担着“整合开发唐山优质文旅资源，做强做大唐山旅游品牌，完成好文旅项目融资运作任务，推进唐山文旅产业跨越发展”的重任，要构建集全域旅游、景区管理、旅游规划、影视制作、文创开发、会展策划等业务为一体的文旅全产业链。未来，唐山在依托工业时代的遗产打造后工业时代时尚体验的过程中，将更多以企业开发运营为重心，用市场力量推动唐山从工业生产城市向创意生活城市转型。

对于唐山而言，这又是一个新起点！

（本文作者孙小荣系中国旅游改革发展咨询委员会委员，资深策划人）

文旅地产的“中国魔咒”

我们先来看二则新闻。

第一则新闻是 2017 年 7 月 10 日，万达商业与融创中国联合发布公告，融创以 295.75 亿元收购万达 13 个文旅项目 91%的股权，并承担项目贷款，同时融创以 335.95 亿元收购万达 76 个酒店项目，交易金额达到 632 亿元。

这个交易说得通俗点，就是万达基本退出了文旅地产圈，人家不跟你玩了。

另一则新闻是 2017 年 5 月 3 日，华侨城对外称成立欢乐谷集团。截至 2016 年年底，恒大文旅业务全年合约销售额 174.7 亿元，碧桂园、泰禾等企业纷纷扩充在文旅领域的投入与规模，文旅地产业的千亿军团若隐若现。

这两则新闻都与一个行业有关——文旅地产。一个退出，另外一个则准备撸起袖子大干，一进一出，着实让人看不透，如果想弄清楚这个中曲折，就需要找到现象背后隐藏的深层原因。

一、为何高烧

文旅地产本是一种普通的地产产品，但放眼全世界，唯独在中国搞得如此热火朝天，甚至有些发烧的迹象，一个文旅项目动辄上百亿，没有几十亿的投入都不好意思和别人说，为何？这恐怕还要回到中国市场的现实中去寻找答案。文旅地产，就是“文化+旅游+地产”，相对于传统的旅游业与地产业，文旅地产是一个十足的跨界事物，因而文旅地产的火爆恐怕需要从旅游与地产两个行业中去找寻真正的缘由。

我们先来看旅游业，目前的旅游业看似火爆，每到节假日经常爆满的景区以及人山人海的游客似乎在昭示着巨大的市场容量，但这种火热的背后也存在着有效供给不足、结构性过剩等问题，比如精品旅游产品的匮乏以及低端旅游产品的过量、过热。旅游业如何进行产业升级与供给侧改革？如何提升自身产品的内涵与市场竞争力？一些人把目光投向了行业之外，于是地产成为可能的突围方向之一。

我们再来看房地产业，情况也好不到哪里去。在目前供给侧改革的大趋势下，产能过剩是地产业的一个突出问题，企业去库存压力一直很大，再加上目前国家日益收紧的调控政策，房地产业同时还面临拿地成本攀升、资金投入加大的困境。对于房地产企业来说，如何对地产产品进行升级与赋值？如何增加地产产品的市场附加值？恐怕房地产业也需要寻找更多的破局路径，文旅自然成为其选择之一。

看起来，文旅地产似乎是文化旅游与房地产两个日子都不太好过的行业在抱团取暖，但它的本质是产能过剩行业相互借力，是双方嫁接、整合资源以实现破局的市场选择，是资本寻找新的盈利模式与空间的必然结果。那么，文旅地产在目前的中国，究竟是怎么玩的呢？

二、各大门派与招数

文旅地产的江湖，可谓门派林立，各有绝招，从目前看，可以大致划分为三类。

一是靠天吃饭。这种玩法的主要招数是先天资源+后天嫁接，主要依托自然或历史人文景观进行地产开发，前者如恒大的海花岛项目、万达的松花湖滑雪度假项目，后者如杭州的宋城。恒大的海花岛坐落于海南，有着迷人的海滩胜景等自然风光，恒大将项目所在地打造成了海洋风情旅游度假地。万达的松花湖位于吉林，利用东北特有的冬季雪景打造季节性旅游度假地。杭州的宋城则是深入挖掘宋朝人文历史后形成的基于讲述宋朝故事的历史实景旅游度假地。这三个项目有一个共同的特征:都借助了一些先天条件,并不以开发方的主观意志为转移,开发商在项目定位、运营等方面需要主动去利用、契合这些先天条件并将其放大,从而形成具有市场竞争力的产品。

二是无中生有。这种玩法的主要招数是后天凭空制造,不再受自然或者历史人文等先天条件的限制,更多地由开发商基于自身资源与当地消费市场去设置项目的定位与内容,如华侨城遍布各地的欢乐谷项目。这种模式虽然受先天外部条件限制少,但对企业自身项目的市场传播力与品牌塑造力却提出了更高的要求,而这两者都需要时间,急不得。

三是两手通吃。现在有一种新的玩法,就是特色小镇。它在中国出现的时间较短,在具体的实践中既有靠天吃饭的类型也有无中生有的玩法;既有充分利用自然景观或人文历史积淀进行的开发,如西安的曲江模式,也有后天凭空创造的做法,如乌镇的戏剧节。特色小镇其实是文旅产品的2.0版本,它更加强调鲜明的产品定位与运营思路,目前全国各地都在一窝蜂地大干、大上,特色小镇已经成为文旅地产业新的资本流量入口和各大巨头较量的演武场。

如果从入局文旅地产的时间上看,文旅地产则可以分为两类:一类是长期深耕此领域的,像华侨城、雅居乐、宋城等;另一类是近几年的新入局者。需要注意的是,这部分新入局者大都为住宅地产巨头,如恒大、碧桂园等,它们凭借自身的强大实力,快速开疆拓土,发展势头迅猛。

三、“中国魔咒”的本质与症结

在笔者看来,“文旅地产”四个字中,“文旅”是限定词,“地产”才是本质。换句话说文旅是幌子,地产才是终极目标。放眼全世界,能把文旅地产玩得这么五花八门的也就中国。正所谓成也萧何、败也萧何,中国国情与市场成就了文旅地产的辉煌,但同时也给文旅地产埋下了魔咒。

（一）“中国魔咒”的本质

1.土地依赖症

对地产的高度依赖是中国文旅地产发展的宿命，从某种意义上讲，正是地方政府与开发商的合谋，才最终促成了文旅地产项目的落地。不管文旅这边玩得多么花哨，其核心是不变的，对政府来说就是炒热地块，对地产企业来说就是卖房子。当然在这个过程中，大家都不吃亏——政府的规划获得了来自市场力量的支撑，地产企业则获得了廉价的土地（考虑到相关地块的升值，这意味着巨大的利润空间）。话说到这里已再明白不过了，大家都围绕着“地”在做文章。这个“地”，就是中国文旅地产的最大特点。

2.水火不相容

既然在中国玩文旅地产说到底就是玩“地”，那么就存在一个几乎无解的难题，就是文旅与地产之间的本质性差别。首先就现状来看，目前文旅地产的主力还是房地产企业，真正的文旅企业寥寥无几，这倒不是说文旅企业没有竞争能力，而是文旅地产前期庞大的资金投入以及类地产化的开发、运营等问题在客观上形成了较高的市场准入门槛，轻资产的文旅企业很难在此方面与地产企业一较高下。

其次是开发节奏。文旅产品的打磨需要时间的沉淀，而地产在中国尤其强调快速去化。一个慢条斯理，另一个则快进快打，这个矛盾在中国文旅地产业的表现就是往往在短时间里冒出一大批类似定位的产品，但真正的特色根本无从谈起。

最后是变现方式。文旅产品的形态延伸性强，变现具有丰富的形态，这从迪士尼的产品系列就可以一窥其奥妙，而以地产企业为开发主体的中国文旅地产业，其变现根本不是依靠文旅本身（当然也有长隆等少数企业尝试走这条路），而是依靠文旅产品所在板块的地产产品（包括商业与住宅地产）快速变现，并以此来冲抵文旅地产项目在前期开发与后续运营中所付出的巨大资金成本。文旅与地产，天生的冤家，能否白头到老，这事有点悬。

（二）中外玩法的差异

中国人做事喜欢拿老外对标，文旅地产这块也是如此。迪士尼就是这样的一个标杆，乍一看没有什么问题，但细想之下，恐怕就没那么简单了。迪士尼虽然也涉足了地产，但是地产在迪士尼的商业逻辑中只是其产品线的承载体，换句话说，是迪士尼众多 IP 进行延伸的一个线下平台，迪士尼并不以地产产品支撑自己的利润与效益。

反观中国的众多企业，它们用各种名目拿了一堆地，然后什么新奇就往上堆什么，什么时髦就做什么，完全没有自身的产品体系做后盾，看着弄了一个大摊子，其实和别人相比根本没有本质区别，这只要看看遍布全国的各种主题公园就明白了。说白了，大家的心思根本不在文旅这块，地产才是他们各自心里的小九九。

四、药到病不除

想玩转文旅地产，单凭开发商一己之力显然是不可能的，它需要多方力量的介入。换句话说，文旅地产近几年的火爆也是多种因素综合博弈的结果。

（一）国家宏观政策

1.城镇化进程

中国目前正在进行一场人类历史上所没有的、体量巨大的城镇化运动，这个城镇化进程本身就是对地产业巨大的助推，只要中国城镇化进程还在继续，中国地产业就仍然有良好的成长空间。城镇化意味着人口的集中，而人口的集中就意味着消费市场的形成，有了这么一个基础，文旅地产仍然可以活得很好。

2.房地产调控

目前的房地产调控政策挤压了住宅地产的市场预期，在客观上形成了一个挤出效应。那么,这部分被挤出来的资本去哪里好呢?去其他行业,跨界幅度大,市场风险也大,文旅地产好歹还算是本行,自然成为房地产业的上选,这也可以解释为何一些传统住宅地产巨头近期大举进入文旅地产领域。

(二)地方政府的冲动

可以说,文旅地产的火爆离不开地方政府的助推,这主要来自地方政府在 GDP 与造城两个方面的冲动。

1.GDP

地产开发涉及大量资金与人力投入,自然可以显著提升 GDP,文旅项目也是如此,万达等一个项目动辄过百亿的体量在地方政府眼中无疑是一个香饽饽。一个地方如果能够在较短时间内聚集大量文旅地产项目,对于地方政府来说,它们一方面可以规避大量卖地所带来的政治与舆论风险(前者是土地财政,后者是被老百姓骂),另一方面又可以美其名曰发展朝阳产业,可谓是借文旅之名,行地产之实。

2.造城运动

我们需要面对一个现实,就是城镇化在各地已经演化成造城运动。地方政府通过不断出台城市建设新规划扩大城区面积,目的就在于通过不断的基础设施投资拉动城市经济发展。

但这里有一个问题,就是政府规划虽然对社会公众具有巨大的影响力,但仍然需要来自市场利好因素的配合,比如在一些人迹罕至、交通不便的新城区,如何既提高人口流量又提升该板块土地的升值预期,文旅地产是一个很好的选择。通过引入主题公园项目,一方面可以实现人口的大量流入,另一方面也可以提升公众对该地块的市场信心与预期。讲得明白点,就是政府需要文旅地产项目去捂热一个新区域。

(三)公众心理

1.对地产的暧昧态度

买涨不买跌,尤其是经历了几次调控之后,越调越涨的市场现实深刻教育了广大人民群众,于是乎"房价不会跌"便成了中国人的地产信条。一个文旅项目的落地,在普通老百姓眼中就意味着这附近的房子要涨价,于是乎买就成了不二之选。有了这种公众心理的存在,文旅地产起码不愁没饭吃。

2.居民投资渠道

中国老百姓近些年虽然富裕了不少,口袋里也存了不少钱,但"钱生钱"的渠道实在太少了。如何让口袋里的钱跑赢上涨的菜价?放眼望去,房子还算是一个靠谱的选择,因此一个文旅项目往往能够起到市场标杆的作用,起码可以让老百姓知道哪里的房子值得买。

下笔匆匆,误言或多,请各位海涵。笔者真心希望经历过这场热闹散场后,留给老百姓的是文旅而非一堆房子。

(本文作者刘祥系中国传媒大学广告学博士,中国传媒大学广告学院旅游传播研究中心研究员,中国广告协会学术委员会委员)

篇八

魅力城市检验亚洲城市的软实力

就目前而言，无论是组织还是个人，其所面临的挑战都呈现出一种指数级增长或者变化的现象。对于组织来说，不管是政府部门还是品牌建设方，它们都要去预测接下来发生的情况，但很多时候组织者的能力却越来越低，因为世界充满了变化，很多情况下我们根本无法预测接下来会是怎样的状况。所以我们必须要了解背景以及周围的一些宏观趋势。任何一个能成功地进行宣传传播的组织，它都必须具备快速思考的能力，以应对纷繁复杂的世界。

大约在 2014 年，城市人口就已经超过了农村人口，根据联合国的统计，到 2030 年，世界上 60%的人口都会生活在城市当中。城镇化给城市本身、政府组织、旅游业团体、城市原住居民都带来了很大压力，城市必须创出成绩才能保持竞争力。我们来重点分析一下旅游业。一些贸易机构和旅游机构之间相互影响，它们已经成了合作伙伴，旅游业必须加强与合作伙伴之间的关系，只有协作才能共同解决问题。

我们对中国市场尤其关注，并为此开展了一些研究工作。例如一些美国的游客来中国旅游，我们会分析他们旅游的目的是什么，他们怎样进行旅游目的地的搜索。结果显示，除了中国城市之间的竞争，中国城市旅游的最大竞争对手是那些更具有地缘和文化优势的国家，这些被美国游客定义为“梦中度假胜地”的城市，让他们可以通过书籍、电影和流行文化来想象他们自己身处当地旅游城市的场景。中国的城市故事该如何讲述才能更贴近美国游客的想象和愿望呢？这就需要中国城市跨越重洋，在适当的时间和有效的平台上说出属于自己城市魅力的故事。研究表明,"内容视觉化"对人们的影响非常大,这就意味着图片、图像对人们来说非常重要,因此旅游组织机构必须具备把故事转换成形象、图像的能力。

我们看到一些更泛泛的趋势,也在不断探讨这些趋势。随着中国人财富的增加,选择境外游的人数越来越多,不同市场吸引的中国游客都非常多,这给我们带来了非常多的市场机会。我们要做的就是关注不同的影响因素,这些影响因素会使城市变得非常有吸引力,会直接影响人们是否愿意去那些城市旅游,是否愿意在那里工作,是否愿意在那里度过一段时光。

一、城市的软实力属性

我们综合考量了16个软实力属性对于城市品牌声誉与影响力的贡献,包括旅游业、美食、性别宽容、零售与社区、政治、艺术与文学、社交媒体与数字技术、建筑与设计、体育与休闲设施、金融、教育与研究、可持续性与环境、音乐以及生活标准等,继而针对4100多位参与项目调研的志愿者进行了沟通,这些志愿者来自8个不同的城市,他们将为包括北京、香港、首尔、上海、新加坡、悉尼以及东京在内的城市打分评比。这些城市具备不同的软实力属性,我们的研究结果对于旅游业和贸易机构来讲意义重大,因为它们需要知道自己究竟要做哪些事情才能够吸引更多的游客去自己的城市。这里需要指出的是,在这次城市调研中,我们第一次把北京包含在内。

(一)东京

对于东京来说,它的优势是旅游业非常发达,对城市发挥着磁石作用。在16个不同的软实力属性中,东京的旅游业、社交媒体与数字技术、美食这三项处于领先位置。为什么东京能够大大超出其他城市脱颖而出呢?

首先,东京在竞争激烈的世界环境中已经发展了很长时间。因此,丰富多样的当地特色和商业已经发展成为游客的一种多样化体验。东京本身能够吸引非常多的注意力,这个城市非常有意思,它的建筑物特别漂亮,文化和历史也具有吸引力,完全与众不同的一些东西组成了东京。当人们谈到东京的时候,不仅仅会谈到一个地方,还会谈到东京很多不同的地方。其次,东京被人们看作地球上最具有创意的一座城市。作为一座城市,东京吸引了非常多具有创意精神的人,这些人愿意成为东京创意当中的一部分,这也解释了为什么东京这么具有吸引力。

当然东京也会面临一些挑战,尤其2020年的东京奥运会。如果你是来自其他国家的游客,可能会在东京这个城市会迷路,不知道往哪儿走。但总体来说,东京做得非常好,把非常多的优势结合在了一起,并且把这些优势向外界进行传播,其他的城市可以从东京学到很多有参考价值的东西。

(二)香港

香港也非常有意思,它的许多评分都非常高。如果问美国人会去中国哪些城市旅游?香港会是50%的搜索率,北京是30%,香港和北京的搜索率还有一定的差距。香港依然被最多的人视作亚太地区的金融中心,金融这一项属性是超过新加坡的,而且它也是一个把旅游业作为发展磁石的城市。

东京所面临的城市道路方向挑战实际上是香港的一个优势,因为香港非常紧凑。另外,香港会专门去推广自己的一些博览会、博物馆以及夜生活等,这些都是香港的核心优势。尽管研究显示,香港的可持续性环境属性、体育设施属性得分非常低,但是香港的橄榄球在体育方面还是比较有名的,其他的就不太好了。

(三)首尔

首尔和其他城市不太一样,它的旅游业属性并不高,但是首尔会给大家传达一种年轻的氛围和形象。研究发现,它是亚洲的一个社交媒体中心,其主要优势是流行电视节目和音乐,这影响了很多国家的大众文化。首尔的社交媒体发展得非常好,城市通过自己的媒体活动来宣传自身特质。

(四)新加坡

如果有人选择去新加坡工作的话,他们可能会花更多的时间了解这里。新加坡因在可持续与环境方面的创新手段以及为市民提供了较高标准的生活而在上述两个属性中荣登榜首。不同于旅游业,新加坡的创新计划属于国家项目,计划在2016年完成,这个项目对于新加坡本身的定位来讲非常重要,它可以吸引很多人到新加坡来。

另外,新加坡是一个购物中心,也是一个地理中心,这代表着它是一个可以去游览的城市。新加坡所产生的一些城市特质,或者说那些想要吸引游客的细节,在游客一坐上新加坡航空班机的时候就已经开始让他们体验了。新加坡航空作为一个国家品牌,它与这个国家为之服务的一些资产之间有一定的联系,其他的国家和城市也可以学习一下新加坡,学习如何利用自己的资产推广自己的城市。

(五)悉尼

根据《时代周刊》的说法,悉尼是一个非常漂亮、值得一看的城市。悉尼也是世界上在美食方面非常有名的一个城市,但在调查结果中,美食体验只占了16%的百分比,这确实是一个事实,而不是对它的褒奖。悉尼在体育与休闲设施、建筑与设计以及性别宽容方面拔得头筹,但在美食方面却排名垫底。

很多时候,澳大利亚会做一些旅游活动,这些旅游活动收效非常好,但它们都是非常传统的方式。澳大利亚也启动了一些有关悉尼餐馆和美食的活动,但尽管推出了很多餐馆和美食,这个城市显然并没有充分利用自己的优势,或者并不是很清楚自己的优势所在,在利用美食推广方面,悉尼还有很大的发挥空间。

(六)上海

上海在这8个城市的排名上处于中间。上海有它的优势,美食方面给人的体验非常强,但在教育与研究方面排名比较靠后。在问一些志愿者关于上海的看法的同时,也问了他们关于新加坡的教育与研究的情况,可以明显地看出,新加坡的教育属性远远高于上海,但更多的人讨论了上海的快速发展以及它的创新。另外,上海有一种年轻人的文化,可能在亚洲除了首尔之外,还没有哪个城市能够体现年轻人的文化,所以年轻人的文化会给上海带来非常独特的优势。

(七)北京

北京面临的挑战在旅游城市营销方面。北京是中国的政治中心,但是如果对比一下世界上其他城市,虽然它们也是政治中心,但是它们会采取不同的方式进行营销。比如说美国华盛顿,它是一个政治中心,但是它会从历史出发来做城市营销,因为我们可能更关注它的历史。又比如说伦敦,它也是英国的政治中心,但是外界很少有人把它看作一个政治中心。

伦敦在 2012 年奥运会当中也更好地推广了自己,伦敦注重的是范围更大的英国宣传活动,怎么用自己的方式宣传英国,宣传英国的伟大之处,怎么通过名人或者体育明星以及其他人来讲述英国的伟大之处和伦敦的伟大之处。我们所看到的东西真实性有多少?背后的意思是什么?这些都需要有其他人代替我们来说,或者需要有人对我们所说的这个东西给予更多的支持。因此,拥有更多的代言就显得尤为重要。

二、城市如何提高影响力和吸引力

在研究当中,我们提出了一个"城市剧本"的概念,如果一个城市想提高自己的影响力,吸引更多的游客,那么它应该关注以下五个方面。

第一,城市认同。什么是城市认同呢?就是说城市要把自己与国家区分开来。国家固然非常重要,它涉及各种力量,但是对于城市来讲,它在宣传自己的时候,应该把自己从国家的利益中剥离出来。就像吉隆坡之于马来西亚,我们感觉在提到两者的时候似乎并没有太大的不同。城市需要考虑一下如何建立自己的品牌,如何更好地定义自己。吉隆坡要怎样让自己区别于马来西亚这样一个国家,而不是被马来西亚这个国家盖住而失去自身的身份。

第二,社区。我觉得对一个城市来说,其最大的优势应该就是它的社区。社区指的就是在这里居住的人、这里的邻里、这里的空间,以及在这里开展的独特活动。多伦多所开展的很多活动都是由邻里之间、社区之间发起的。社区能够更好地吸引到游客,因为它会让游客在城市不同的地方获得不同的体验,对于北京这样一个大城市来讲,这一点就显得更为重要。

第三,创意街区。这更多地涉及人才问题,以及怎么让城市更有活力的问题。我们要推动企业家精神,要运用个人的力量,推动个人为城市注入一些特色,这样才可能吸引更多的人到这个城市来旅游。

第四,人的力量。北京的地铁上有很多的人,但是每个地铁站上都有负责导航的人,2008 奥运会的时候也有很多志愿者,他们会给一些人指路。机场、奥运会都有这样一些志愿者,这也是人的力量。

第五,自我传达的口碑。2014 年中国有多少人度假?答案是1.2亿。不管数字是多是少,就是当人离开一个城市的时候,会选择给这座城市好评,但也有可能私下给这座城市差评,甚至有些人可能会在公开场合给自己刚离开的城市差评。因此在这方面我们就有很多可以挖掘的机会,我们要让更多的人说他们刚刚离开的那座城市有多么好,当他们离开或者到海外的时候,这些人就可能会成为非常好的城市广告名片。例如他们在外面的时候会讲我来自北京,北京是多么好的城市,这样就会吸引更多的人到北京来。

[本文根据万博宣伟亚太区的首席策略官兼澳大利亚区主席兰·鲁姆斯比(Lan Rumsby)在首届博鳌国际旅游传播论坛上的发言整理]

图书在版编目(CIP)数据

城市形象与城市想象 / 丁俊杰主编. --北京：中国传媒大学出版社，2023.8
ISBN 978-7-5657-3344-4

Ⅰ. ①城… Ⅱ. ①丁… Ⅲ. ①城市—形象—中国—文集 Ⅳ. ①TU984.2-53

中国版本图书馆 CIP 数据核字(2022)第 205449 号

城市形象与城市想象

CHENGSHI XINGXIANG YU CHENGSHI XIANGXIANG

主　　编　丁俊杰
副 主 编　张婷婷　程　平
责任编辑　姜颖昳　蒋　倩
封面设计　拓美设计
责任印制　李志鹏

出版发行　中国传媒大学出版社
社　　址　北京市朝阳区定福庄东街 1 号　　**邮　　编**　100024
电　　话　86-10-65450528　65450532　　**传　　真**　65779405
网　　址　http://cucp.cuc.edu.cn
经　　销　全国新华书店

印　　刷　唐山玺诚印务有限公司
开　　本　710mm×1000mm　1/16
印　　张　13.5
字　　数　180 千字
版　　次　2023 年 8 月第 1 版
印　　次　2023 年 8 月第 1 次印刷

书　　号　ISBN 978-7-5657-3344-4/TU · 3344　　**定　　价**　59.80 元

本社法律顾问：北京嘉润律师事务所　郭建平